天文百科

TIANWEN BAIKE

李 玉 编著

U0235335

中原出版传媒集团

中原农民出版社

·郑州·

图书在版编目（CIP）数据

天文百科 / 李玉编著 . —郑州：中原农民出版社，

2014.12

（小学生好奇的知识世界）

ISBN 978-7-5542-1103-8

Ⅰ . ①天⋯ Ⅱ . ①李⋯ Ⅲ . ①天文学—少儿读物

Ⅳ . ① P1-49

中国版本图书馆 CIP 数据核字（2014）第 308288 号

策 划 人　孙红超

责任编辑　连幸福

责任校对　钟 远

封面设计　王议田

出版： 中原农民出版社

地址： 郑州市经五路 66 号　**电话：** 0371-65751257

邮编： 450002

发行单位： 全国新华书店

承印单位： 三河市南阳印刷有限公司

开本： 710mm×1010mm　　　　1/16

印张： 14

字数： 156 千字

版次： 2015 年 5 月第 1 版　　　**印次：** 2020 年 1 月第 3 次印刷

书号： ISBN 978-7-5542-1103-8　　　**定价：** 35.00 元

本书如有印装质量问题，由承印厂负责调换

前　言

兴趣是最好的老师，兴趣是最大的动力，要在某方面快乐而持续地钻研下去离不开兴趣。

兴趣是因何而产生的呢？兴趣的产生源于好奇心。

中小学生有着最强烈的好奇心。很多在成人看来很平常的事情，他们则可能会觉得新奇，会对其产生浓厚的兴趣。而许多教育者对这种现象没投入足够重视，认为他们"见识少、少见多怪"，对那些事感到新奇很正常。这其实忽略了启发他们更有效学习知识的绝好机会。

中小学阶段是人生积累知识的最重要阶段之一。充分利用学生好奇心强的特点，激发和培养他们的学习兴趣，让他们自发、快乐地投入到学习中去，这样积累知识比机械要求他们广泛阅读背诵要快速高效得多。

为了有效引导广大学生的好奇心，激发和培养他们的兴趣，我们搜罗千奇百怪、妙趣横生的故事，汇集古往今来的科学秘密、历史趣闻、地理大观、奇趣动植物、生活中的科学、科学奇人奇事、奇妙的数学、宇宙大探秘等编写了这套书。

该套书语言通俗易懂，内容广泛，贴近中小学生生活和学习，处处凸显科学性、文学性和趣味性，能不知不觉地把他们的思维发散到广袤的神奇世界中，是广大中小学生快速积累知识不可多得的读物。

《历史秘闻》搜集古今中外的各类历史要闻，并揭开历史背后的真相，找寻尘封在书卷中的历史秘闻，以全面扩展中小学生的历史视野，解开他们心中的迷惑，开启他们的智慧之门。

《地理趣闻》运用优美而充满趣味性的语言激发中小学生的学习热情。奇特的沙漠、神秘的死亡谷、壮观的钱塘潮、奇特的万年冰洞等，不仅使他们了

解地理知识，还将他们带入探索神奇现象的境界。

《奇趣生物》选取了一些濒临灭绝的珍稀动植物。从可爱的树袋熊到英武的白头海雕，从国宝级的大熊猫到被誉为"活化石"的扬子鳄，从食肉的猪笼草到结"面包"的猴面包树，从美丽的银杏树到魁梧的红杉等无数稀有而有趣的动植物，我们都较为详细地介绍了其独特形态和习性。

《数学之谜》有故事中的数学趣闻，有童话中的数学之谜，还有生活中的数学难题。它集趣味性和科学性于一体，将数学与我们生活的关联性生动形象地展现了出来。

《天文百科》从宇宙探索开始，从恒星、行星、彗星、流星等方面着手，比较全面地阐述了有关天文领域的知识，图文并茂，可读性强，是引导中小学生了解天文知识的启蒙图书。

好奇孕育兴趣，兴趣是学习和研究最大的动力，学习和研究是人类发明创造的基础，是人类不断进步的最原始推动力。我们要充分利用和引导好奇心，带着一颗好奇心走进神奇的未知世界，走向奇妙的知识世界。

如今科学高度发达，但已知世界和未知世界是圆圈内部与圆圈外部的关系——我们已知的越多，就意味着未知的更多，因而需要我们探索的未知世界是越来越广阔的。这需要我们时刻保持一颗好奇的心，有浓厚的兴趣，努力去学习、探索、研究、破解。

目 录

第一章 太阳系之家

天文百科

天文百科

第二章　宇宙星际

天文百科

第三章　太空探秘

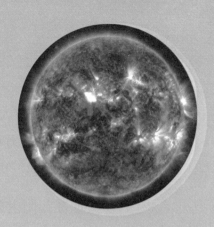

第一章 太阳系之家

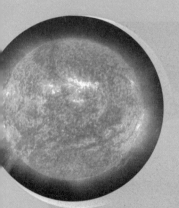

太阳系有多少成员?

太阳系是一个非常庞大的系统，它以太阳为中心，由8大行星和173颗已知的卫星、数以万计的小行星、众多的彗星、不计其数的流星体以及充满太阳系的行星际物质等构成。

8大行星按照离太阳由近及远的顺序排列，依次是水星、金星、地球、火星、木星、土星、天王星和海王星。其中木星的体积和质量最大。在8大行星中，除水星、金星以外，其他星体都有卫星，其中，土星的卫星最多。

太阳系

在太阳系中，除了8大行星以外，在红色的火星和巨大的木星轨道之间，还有成千上万颗肉眼看不见的小天体，沿着椭圆轨道不停地围绕太阳公转。与8大行星相比，它们好像微不足道的碎石头。这些小天体就是太阳系中的小行星。第一颗小行星是1801年元旦之夜由意大利天文学家皮亚齐发现的，后来被命名为谷神星。目前，已有8000余颗小行星被正式编号注册，但是，据科学家推测，太阳系中的小行星在50万颗以上。

彗星是太阳系中最特殊、变化最大的一员，主要由冰冻物质和尘埃组成。彗星一般由头和尾组成。头的中心是彗核，彗核的外面包着彗发，彗发的外面包着彗云。彗核是彗星的主要部分，最大彗星的慧核部分直径就有10万千米以上。当彗星靠近太阳时，太阳的热使彗星物质蒸发，在冰核周围形成朦胧的彗发和一条稀薄物质流构成的彗尾。由于太阳风的压力，彗尾总是指向背离太阳的方向。太阳系中的彗星大约有10亿颗以上，目前人类用望远镜只能看到十几颗。

流星体在平时并不多见，天体物质在接近地球时，被地球的引力所吸引，闯入大气层，与大气产生摩擦并燃烧，在天空中产生一道耀眼的亮光，这就是我们所说的流星现象。当未完全燃烧的较大的流星体落到地表时就称之为陨星。

行星际物质是指太阳系中极为稀薄的气体和及少量的尘埃。

 为什么说哥白尼发现了太阳系？

太阳系是客观存在的恒星系。可是对太阳系的认识，人们从前却充满着激烈的争论。中国、埃及、印度和巴比伦是世界四大文明古国。这些国家对天文学都曾作出过许多杰出贡献，但他们先前都把地球看成宇宙的中心，认为太阳是绕着地球转动的。这就是地心说。在这方面，古希腊天文学家托勒密写了一本名为《天文学大成》的巨著，构建了地心宇宙体系理论，即地球是宇宙的中心。另一位大名鼎鼎的古希腊哲学家亚里士多德，在此之前就认为行星、太阳、月亮以及其他天体都在各自的轨道上围绕着地球转，地球居宇宙中心。他们的理论在长达1000多年的时间内，一直占统治地位。

然而，错误的东西永远是错误的，不可能在科学这个圣坛上欺骗人。科学是在与谬误作斗争的过程中得以发展的。波兰科学家哥白尼就是与地心说作斗争的一位杰出勇士。哥白尼曾在波兰和意大利的几所大学学习，研究数学、天文学、法学和医学。他博览群书，阅读了大量的古希腊名著，包括托勒密的《天文学大成》，并进行了天文观察。他发现托勒密的"地心说"并不正确，因此对"地心说"理论产生了怀疑。他在做了近40年的天文观察和研究后，写成了《天体运行论》这部不朽名著，提出太阳位于宇宙中心，包括地球在内的所有行星都围绕着太阳转动，而月亮围绕着地球转动。这就是太阳中心说。虽然哥白尼在"太阳中心说"中没有提出太阳系这个概念，但实际上是他发现了太阳系。

什么是行星和恒星？

　　行星通常指自身不发光，环绕着恒星的天体。其公转方向常与所绕恒星的自转方向相同。一般来说，行星需具有一定质量，行星的质量要足够的大（相对于月球）且近似于圆球状，自身不能像恒星那样发生核聚变反应。2007年5月，麻省理工学院一组太空科学研究队发现了已知最热的行星（2040℃）。

行　星

随着一些具有冥王星大小的天体被发现，"行星"一词的科学定义似乎更逼切。历史上行星名字来自于它们的位置在天空中不固定，就好像它们在星空中行走一般。太阳系内肉眼可见的5颗行星即水星、金星、火星、木星和土星早就已经被人类发现了。16世纪后，"日心说"取代了"地心说"，人类了解到地球本身也是一颗行星。望远镜被发明和万有引力被发现后，人类又发现了天王星、海王星、冥王星（目前已被重分类为矮行星）和为数不少的小行星。20世纪末，人类在太阳系外的恒星系统中也发现了行星，截至2012年2月4日，人类已发现758颗太阳系外的行星。

恒星是由非固态、液态、气态的第四态等离子体组成的，是能自己发光的球状或类球状天体。由于恒星离我们太远，不借助于

恒 星

特殊工具和方法，很难发现它们在天上的位置变化，因此，古代人把它们当作是固定不动的星体。我们所处的太阳系的主星——太阳就是一颗恒星。恒星都是气体星球。晴朗无月的夜晚，且无光污染的地区，一般人用肉眼大约可以看到6000多颗恒星，借助于望远镜，则可以看到几十万乃至几百万颗以上。估计银河系中的恒星大约有1500亿~2000亿颗。

 ## 为什么恒星发光而行星不发光？

夜晚，当我们仰望星空的时候，我们看到的大多数是恒星。恒星表面温度都在上千摄氏度甚至几万摄氏度，所以它们能发出耀眼的光芒。就拿太阳来说，每秒钟从它表面释放的能量大约是386亿亿亿焦耳，这么多能量可以供人类使用1000万年！

为什么恒星会发光呢？这是100多年来天文学上的疑问，到了最近几十年才揭开了谜底。爱因斯坦认为，恒星有巨大的质量，内部温度高达1000万℃，在这样高的温度下，物质会发生热核反应，在反应过程中恒星会损失一部分质量，同时释放巨大的能量。这些能量从内部向外传递，使它们看上去闪闪发光。

行星的温度远低于恒星，因此它们是不发光的。行星的质量比恒星小得多，太阳系行星中质量最大的木星还不到太阳质量的1%。因此，行星绝不可能使其内部温度高到发生热核反应的程度。

星星都会"眨眼睛"吗?

我们肉眼能看到的星星绝大多数是恒星。它们都和太阳一样,自己发光发热。恒星的光看上去都会一闪一闪地跳动,就像一大群调皮的孩子在眨眼睛一样。可是,你仔细观察一下那几颗容易看到的行星,即金星、火星、木星和土星,会发现它们都很少"眨眼",或者完全不"眨眼"。你知道这是什么缘故吗?

我们知道,地球周围的大气层很厚,各个地方大气的疏密程度也不一样,越靠近地面的地方越稠密,越到高空越稀薄。另外,大气又不是静止不动的,热空气上升,冷空气下降,总有气流在流动,这就使得各个地方大气的疏密程度时时都在变化。

光是直线传播的。但是,光从一种物质传播到另一种密度不同的物质中的时候,它的传播方向会改变,也就是光走的路线会发生偏折,这种现象叫作光的折射。你把一只筷子插到水里,就会看到筷子好像折成了两段。这就是一种折射现象。这是由于光在水和空气这两种不同密度的物质中的传播而造成的。

恒星发出来的光穿过大气层的时候,由于各个不同高度的大气层密度不同,也会发生折射。同时,又由于各个地方大气的密度都在不断变化,这就使得星光偏折的方向不是一定的,而是在不断变化:一会儿左,一会儿右,一会儿前,一会儿后。这样,到达你眼睛的星光就会一会儿强,一会儿弱,你就

光的折射

觉得恒星的光忽明忽暗，成了一闪一闪的了。

　　说到这里，你可能会奇怪了，行星也和恒星一样在地球大气层外面，难道行星的光穿过大气层时就不发生折射吗？行星的光当然同样会发生折射。不同的是，行星比恒星离我们近得多。恒星离得太远了，看上去都成了一个个光点。行星就不同，在我们看来是个小圆面。圆面上射来的许多条光线，经过大气层折射以后到达你眼中时，这条弱了那条强，"东方不亮西方亮"，各条光线由于折射而造成的强弱变化互相抵消掉了。这样，你就觉得行星的光明暗程度没有什么变化，或者虽然有点变化也不明显。所以，我们就看到行星不怎么"眨眼"了。

你了解太阳的一生吗？

太阳的一生大致是100亿年，目前太阳大约45.7亿岁。大约在45.7亿年前，一团十分巨大又十分稀薄的气体云，在自己的重力作用下收缩着。它开头收缩得很快，后来由于内部发热，收缩慢了下来，直到形成一批高热、超密的气体大团块，这些就是"原恒星"，其中一个就是我们的太阳。

太阳进一步收缩，内部温度更高，引发了"热核反应"，于是停止收缩，进入"成年"时期，就是我们现在看到的太阳了。

大约再过54.3亿年，太阳核心部分的"燃料"用光后，就会猛地又收缩一下。这一来，它的温度再次猛增，使外层原来没有烧过的"燃料"也"烧"起来。此时，太阳会猛烈地膨胀，成为一颗"红巨星"。

太阳会胀得很大，能把水星和金星都"吞掉"。地球轨道恰好在这个胀大了的太阳表面的位置。这时的地球即使不被炽热的太阳"吞掉"，也会被烤得熔为一团熔岩。但与此同时，也会有其他小行星变得适合人类居住，也许那就是人类未来的避难处。

"红巨星"阶段大约有10亿年。然后，一切可"烧"的"燃料"都用完了，"红巨星"开始再次收缩，最后越变越小，大约只有现在体积的十万分之一，才稳定下来。尽管表面温度可以高达1万℃，但表面积变小了，发出的热量会大大减少，这时，太阳就进

红巨星

入了"老年期"，成为"白矮星"一样的天体，表面温度高、体积小、密度很大（每立方厘米物质有10吨重）。由于没有内部能源，所以，进入"老年期"的太阳并不能永远维持下去，而是逐渐冷却，最后成为一个黑暗无比的"黑洞"。

 ## 太阳的结构是怎样的？

天文学家把太阳结构分为内部结构和大气结构两大部分。太阳的内部结构由内到外可分为核心区、辐射区、对流区3个部分，大气结构由内到外可分为光球层、色球层、日冕层3层。

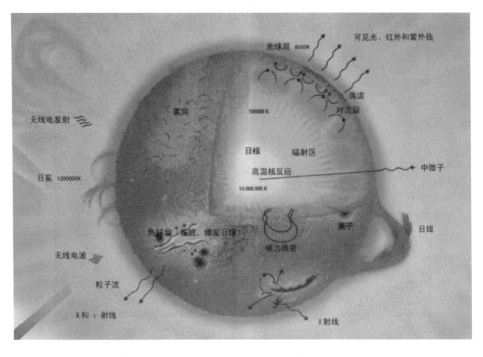

太阳结构示意图

核心区：从中心到0.25R☉（R☉：太阳半径）是太阳发射巨大能量的真正源头，也称为核反应区。在这里，太阳核心处温度高达1500万℃，压力相当于3000亿个大气压，随时都在进行着4个氢核聚变成一个氦核的热核反应。根据原子核物理学和爱因斯坦的质能转换公式$E=mc^2$，每秒钟有质量为6亿吨的氢经过热核聚变反应为5.96亿吨的氦，并释放出相当于400万吨氢的能量，正是这巨大的能源带给了我们光和热，但这损失的质量与太阳的总质量相比，却是不值一提的。根据目前对太阳内部氢含量的估计，太阳至少还有54.3亿年的正常寿命。

辐射区：0.25R☉～0.86R☉是太阳辐射区，它包含了各种电磁辐射和粒子流。辐射从内部向外部传递的过程是多次被物质吸收而又再次发射的过程。从核反应区到太阳表面的行程中，能量依次以X射线、远紫外线、紫外线，最后是可见光的形式向外辐射。太阳是一个取之难尽，用之不竭的能量源泉。

对流区：对流区是辐射区的外侧区域，其厚度约有十几万千米。由于这里的温度、压力和密度梯度都很大，太阳气体呈对流的不稳定状态，使物质的径向对流运动强烈，热的物质向外运动，冷的物质沉入内部。太阳内部能量就是靠物质的这种对流，由内部向外部传输。

光球层：对流层上面的太阳大气，就是我们平时所见的太阳圆盘，称为太阳光球。光球是一层不透明的气体薄层，厚度约500千米。它确定了太阳非常清晰的边界，几乎所有的可见光都是从这一层发射出来的。

色球层：色球层位于光球层之上，厚度约2000千米。太阳的温度分布从核心向外直到光球层，都是逐渐下降的，但到了色球层，却又反常上升，到色球层顶部时已达几万度。由于色球层发出的可见光总量不及光球层的1%，因此人们平常看不到它。只有在发生日全食时，即食既之前几秒钟或者生光以后几秒钟，当光球层所发射的明亮光线被月影完全遮掩的短暂时间内，在日面边缘呈现出狭窄的玫瑰红色的发光圈层，这就是色球层。

日冕层：它是太阳大气的最外层，由高温、低密度的等离子体所组成。亮度微弱，在白光中的总亮度比太阳圆面亮度的1%还低，约相当于满月的亮度，因此只有在日全食时才能展现其光彩，平时观测则要使用专门的日冕仪。日冕的温度高达百万度，其大小和形状与太阳活动有关，在太阳活动极大年时，日冕接近圆形；在太阳

日　冕

宁静年则呈椭圆形。自古以来，观测日冕的传统方法都是等待一次罕见的日全食——在黑暗的天空背景下，月面把明亮的太阳光球面遮掩住，而在日面周围呈现出青白色的光区，就是人们期待观测的太阳最外层大气——日冕。

 太阳有多大？

　　太阳是太阳系的中心天体，银河系的一颗普通恒星。它的体积是地球的130.25万倍，距离地球1.5亿千米，直径约1392000千米，据科学家研究:假如太阳内部是个空壳，它可以装下90万个地球，里面剩下的空间还得用40万个切成碎片的地球才能填满。这就是说，太阳的体积相当于132万个地球，从地球到太阳上去步行要走3500多年，就是坐飞机，也要坐20多年。太阳平均密度1.409克/立方厘米，质量1.989×1033克，表面温度5770℃，中心温度1500.84万℃。

 ## 太阳能对我们的生活有什么益处？

太阳能一般是指太阳光的辐射能量，在现代一般用作发电。长期以来，人们就一直在努力研究利用太阳能。我们地球所接收到的太阳能，只占太阳表面发出的全部能量的二十亿分之一左右，这些能量相当于全球所需总能量的3万～4万倍，可谓取之不尽用之不竭。其次，宇宙空间没有昼夜和四季之分，也没有乌云和阴影，辐射能量十分稳定，因而发电系统相对来说比地面简单，而且在无重量、高真空的宇宙环境中，对设备构件的强度要求也不太高。再者，太阳能和石油、煤炭等矿物燃料不同，不会导致"温室效应"和全球性气候变化，也不会造成环境污染。正因为如此，太阳能的利用受到许多国家的重视，大家正在竞相开发各种光电新技术和光电新型材料，以扩大太阳能利用的应用领域。特别是在近10多年来，在石油可开采量日渐见底和生态环境日益恶化这两大危机的夹击下，我们越来越企盼着"太阳能时代"的到来。从发电、取暖、供水到各种各样的太阳能动力装置，其应用十分广泛，在某些领域，太阳能的利用已开始进入实用阶段。

目前，太阳能系列的产品有：太阳能热水器、太阳能路灯、太阳能监控器、太阳能充电器、太阳能光伏产品等。

 ## 太阳的光热是从哪里来的？

太阳所带给我们的光和热是如何产生的呢？很早就有人提出关于太阳的能源是从何而来的问题。但由于当时科技等因素的限制，直到1938年，美国科学家贝蒂才提出了关于太阳能源的正确结论，解开了这个谜。贝蒂认为，太阳能源来自太阳内部的热核聚变。

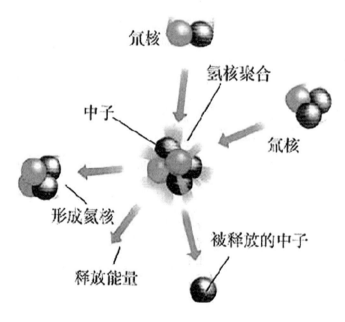

太阳内部的热核聚变

研究证明，太阳的能源不在其表面，而在它的核心部分。太阳中心的温度高达1500多万摄氏度，压力又十分巨大，在这种高温、高压的条件下，会发生热核聚变反应，简单地说就是太阳内氢原子核聚变成氦原子核，从而产生巨大的能量。太阳内部的热核聚变反应是一般化学反应所产生能量的100万倍以上。科学家经过研究发现，太阳内氢的储量非常丰富，足可以维持太阳进行100亿光年的热核反应。所以，太阳内部的热核聚变是太阳发光发热的真正原因。

 ## 太阳是在膨胀还是在收缩？

美国天文学家埃迪于1974年还提出一个极其大胆的观点：太阳正在收缩变小，大约每100年收缩0.1%，即直径每小时缩小1.5米。按此比例缩小下去，不消10万年，太阳就不存在了。

埃迪的主要根据是英国格林尼治天文台从1836年到1953年的太阳观测资料。他发现，这117年间，太阳的直径是不断收缩的。为了验证这一结论，他还研究了美国海军天文台从1846年以来的观测记录和1567年4月9日的一次日环食(埃迪解释这次日环食本应是一次日全食，由于那时的太阳比现在大一些，月亮遮不严太阳光线，因而出现了一个亮环)，进一步坚定了他的看法。

我国科学家万籁等人经过多年的观测和计算，也认为太阳存在着缩小的趋势，并指出太阳半径平均每100年缩小90千米～150千米。按此速度发展下去，太阳将在20万年后从银河系里"消失"。

　　但有些观测和研究表明，太阳也不尽然是在缩小，德国哥廷根天文台也保存有较好的太阳观测资料，他们的计算表明，太阳大小在200年内变化不大，比起埃迪的数值要小得多。

　　别的天文台也从水星凌日的材料加以论证。根据42次水星凌日的观测记录发现，300年来，太阳非但没有缩小，还略有增大。英国天文学家帕克斯借助1981年日全食的机会进行了相关的观测，其结论也不利于埃迪。

　　苏联的天文物理学家对太阳大小进行了数十年的观测和研究，发现太阳直径存在着周期运动，每隔160分钟增长10千米，然后收缩还原。争论还在进行着，并且会长时间继续下去。

什么是太阳黑子？

　　太阳黑子是在太阳的光球层上发生的一种太阳活动，是太阳活动中最基本、最明显的一种。一般认为，太阳黑子实际上是太阳表面一种炽热气体的巨大旋涡，温度大约为4500℃。因为其温度比太阳的光球层表面温度要低1000～2000℃（光球层表面温度约为6000℃），所以看上去像一些深暗色的斑点。太阳黑子很少单独活动，通常是成群出现。太阳黑子的活动周期为11.2年。

　　世界上最早的太阳黑子的记录是中国公元前140年前后成书的《淮南子》中记载的："日中有乌。"《汉书·五行志》中对公元前

28年出现的黑子记载则更为详细："河平元年，三月乙未，日出黄，有黑气大如钱，居日中央。"从汉朝的河平元年，到明朝崇祯年间，大约记载了100多次有明确日期的太阳黑子的活动。在这些记载中，人们对太阳黑子的形状、大小、位置甚至变化都有详细的记载。

 ## 你知道太阳黑子其实不黑吗？

太阳黑子看上去是黑的，但它实际上并不黑，只是在耀眼的光球衬托下才显得暗淡无光。其实一个大太阳黑子比满月时月亮反射的光要多得多，即使太阳整个圆面都布满了太阳黑子，太阳依旧光彩照人，就像它离地平线不高时的情景一样。

一般来说，太阳黑子的中心最黑，称为本影，周围淡的部分称为半影，本影的半径约为半影的2/5。一个典型黑子本影的平均温度约410K（热力学温标单位，就温差而言，1K等于1℃），比周围的光球低1700K左右。

美国天文学家海耳首先对太阳黑子磁场进行测量，发现太阳黑子的磁场很强，并且磁场强度与太阳黑子表面积有关。小太阳黑子的磁场强度约为1000高斯，而大太阳黑子可达3000～4000高斯，甚至更高。有人把太阳黑子叫作日面上的"磁性岛屿"，由此人们很容易想到，太阳黑子的黑与强磁场之间可能有某种联系。

1941年，比尔曼提出，太阳黑子的变暗是由于强磁场抑制光球深处热量通过对流向上传输的作用造成的。这个解释很直

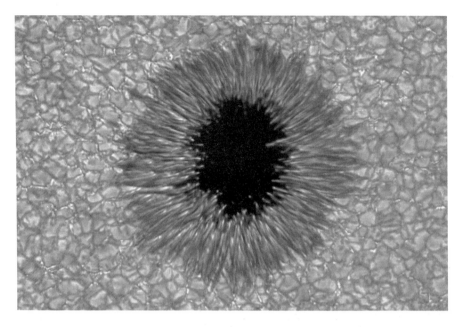

可见光波段太阳黑子图像

观。后来，柯林对此模型又进行了一些修正，认为太阳黑子中还有一些对流，但比背景中的热量传递小得多。观测也证实了太阳黑子中有较弱的对流。

这个理论得到了天文界的普遍承认，然而随着观测和研究的深入，比尔曼理论的破绽开始暴露出来了。按照他的说法，在太阳黑子下面，对流被磁场抑制了，那么对流所输送的能量到哪里去了？

为此，美国天文学家帕克提出了一个崭新的论点。在磁场引起低温这一点上他和比尔曼是一致的。但他认为，磁场并没有被抑制，而是大大促进了能量的传输。太阳黑子的强磁场把绝大部分热量变换为磁流体波，磁流体波沿磁场传播，并带走了一部分能量，从而使太阳黑子内部温度变低，同时又没有多余能量如何积累的问题。新理论比旧理论更加合理，但它还不是终极理论。

太阳黑子活动为什么危害人类健康？

太阳黑子活动高峰期，太阳会发射出大量的高能粒子流与X射线，并引起地球磁暴现象。它们破坏地球上空的大气层，使气候出现异常，致使地球上的微生物大量繁殖，为疾病流行创造了条件。另一个方面，太阳黑子频繁活动会引起生物体内物质发生强烈电离。例如紫外线剧增，会引起感冒病毒细胞中遗传因子变异，并发生突变性的遗传，产生一种感染力很强而人体对它却没有免疫力的亚型流感病毒。这种病毒一旦通过空气或水等媒介传播开去，就会酿成来势凶猛的流行性感冒。

科学家们还发现，在太阳黑子活动频繁的年份里，致病细菌的毒性会加剧，它们进入人体后能直接影响人体的生理、生化过程，也影响病程。所以，当太阳黑子数量达到高峰期时，要及早预防疾病的大流行。

什么是日冕？

日全食发生时，黑暗的太阳外围出现银白色的光芒，像帽子似地扣在太阳上，因此称为日冕。日冕是太阳最外围大气。平时，要观测日冕，需要用特别的日冕仪。日冕的范围很大，用日冕仪只可

日全食

以观测到接近太阳表面的那部分日冕，一般叫作内冕。它的边界离太阳表面约有3个太阳半径那么远，或者说约为200万千米。在此以外的日冕叫作外冕，它向外延伸到地球轨道之外。日冕的物质非常稀薄。内冕密度稍微大一些，但它的密度也低于地球大气的十亿分之一，几乎接近真空。

日冕的形状很不规则，有时候呈圆形，有时候呈扁圆形，结构也很精细，在太阳赤道四周有很多向外流动的"冕流"伸向远处，太阳极区则有一些纤细的羽毛状的"极羽"。日冕的温度非常高，可达200万℃。令人不可思议的是，离太阳中心最近的光球层，温度是几千摄氏度。稍远些的色球层，温度从上万摄氏度到几万摄氏度。而距离太阳中心最远的日冕，温度竟然高达百万摄氏度。这一反常的现象意味着什么，科学家们目前还未找到合理的解释。

日食是什么？

日食是月球运动到太阳和地球中间，如果三者正好处在一条直线时，月球就会挡住太阳射向地球的光，月球身后的黑影正好落到地球上，这时发生日食现象。在地球上月影（月亮投射到地球上产生的影子）里的人们开始看到阳光逐渐减弱，太阳被圆的黑影遮住，天色转暗，全部遮住时，天空中可以看到最亮的恒星和行星，几分钟后，从月球黑影边缘逐渐露出阳光，开始发光、复圆。由于月球比地球小，只有在月影遮挡中的人们才能看到日食。月球把太

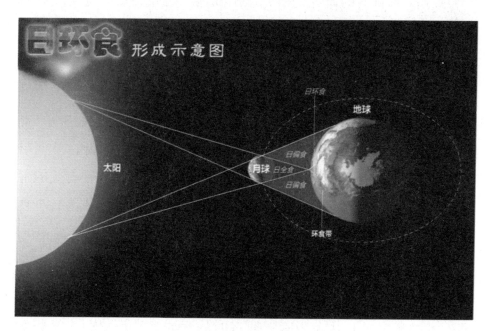

日食形成示意图

阳全部挡住时发生日全食，遮住一部分时发生日偏食，遮住太阳中央部分发生日环食。发生日全食的延续时间不超过7分31秒。日环食的最长时间是12分24秒。法国的一位天文学家为了延长观测日全食的时间，他乘坐超音速飞机追赶月亮的影子，使观测时间延长到了74分钟。我国有世界上最古老的日食记录，公元前1000多年已有确切的日食记录。日食一般发生在农历的初一。

 ## 科学家研究日食的意义有哪些？

科学家对日食的研究是研究太阳和地球之间关系的重要组成部分。太阳和地球有着极为密切的关系。当太阳产生强烈的活动时，它所发出的远紫外线、X射线、微粒辐射等都会增强，能使地球的磁场、电离层发生扰动，并产生一系列的地球物理效应，如磁暴、极光扰动、短波通讯中断等。

在日全食时，由于月亮逐渐遮掩日面上的各种辐射源，从而引起各种地球物理现象发生变化。因此，日全食时进行各种有关的地球物理效应的观测和研究具有一定的实际意义，并且已成为日全食观察研究中的重要内容之一。

观测和研究日全食，还有助于研究有关天文、物理方面的许多课题。利用日全食的机会，可以寻找近日星和水星轨道以内的行星；可以测定星光从太阳附近通过时的弯曲，从而检验广义相对论；可以研究引力的性质等等。

此外，日食对研究日食发生时的气象变化、生物反应等都有一定的意义。

正是由于日食时可以取得平时无法得到的观测资料，对日食的观测研究不仅有助于进行太阳物理本身的研究，还有利于进行日地空间和地球物理学等学科的研究。因此，对日全食的观测已越来越引起许多科学部门的兴趣和重视。每次日全食发生时，都有一些国家组织专门的观测队伍，不辞辛劳，长途跋涉，奔赴日全食带现场进行各个学科的观测研究，以期得到宝贵的资料。

 ## 什么是太阳耀斑？

太阳耀斑是一种最剧烈的太阳活动，周期约为11年，一般认为发生在色球层中，所以也叫"色球爆发"。其主要观测特征是：日面上（常在黑子群上空）突然出现迅速发展的亮斑闪耀，其寿命仅在几分钟到几十分钟之间，亮度上升迅速，下降较慢。特别是在耀斑出现频繁且强度变强的时候。

一般把增亮面积超过3亿平方千米的称为耀斑，而面积小于3亿平方千米的则叫亚耀斑。随着不断地研究，天文学家又将耀斑分为光学耀斑（发射可见光增强辐射，并可用单色光观测到）和X光耀斑（用X光观测到的白光耀斑，在白光照片上可以看到），这种X光耀斑极为罕见。

 ## 耀斑爆发对地球有什么影响？

别看耀斑只是一个亮点，一旦出现，对于太阳表面来说，简直是一次惊天动地的大爆发。耀斑释放的能量相当于10万～100万次强火山爆发的总能量，或相当于上百亿枚百吨级氢弹的爆炸，而一次较大的耀斑爆发，在一二十分钟内可释放巨大的能量，能使太阳辐射出的粒子流和各种射线迅速增强。

耀斑爆发时，发出大量的高能粒子到达地球轨道附近时，将会严重危及宇宙飞行器内的宇航员和仪器的安全。当耀斑辐射来到地球附近时，与大气分子发生剧烈碰撞，破坏电离层，使它失去反射无线电电波的功能。无线电通信尤其是短波通信，以及电视台、电台广播，会受到干扰甚至中断。耀斑发射的高能带电粒子流与地球高层大气作用，产生极光，并干扰地球磁场而引起磁暴。此外，耀斑对气象和水文等方面也有着不同程度的直接或间接影响。但是，不会产生地磁颠倒和天空着火这样夸张的影响和场面。因此，随着人类对太阳耀斑爆发的探测和预报的关切程度与日俱增，人类正在逐渐揭开太阳耀斑的奥秘，并且逐渐了解太阳耀斑对地球的影响。

太阳上也会刮风吗？

　　太阳上也会刮风吗？答案是肯定的。它是由太阳的最外层大气日冕不断发出的稳定的粒子流，它的主要成分是质子和电子。这种风的速度非常之快，就是经过长途跋涉，到达地球附近时，还能高达450千米/秒。这些微小颗粒相对来说是比较密集的，每立方米内

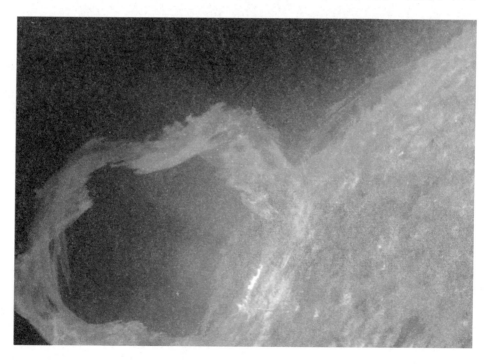

太阳风

高达800万个，其"温度"有几十万摄氏度。

虽说是比较密集的微小颗粒，但还是没有达到足够密集的程度，因而我们不用担心会被这种"高温"烫伤。但是这种高速微粒流会对宇航员造成威胁，特别是对于载人的航天器来说，是非常严重的威胁。所以对于宇宙探索者来说，"太阳风"的预报比地球上的风向预报更为重要。

"太阳风"的风源在"冕洞"，它主要分布在太阳的极区。此处的粒子受到引力较小，于是"一窝蜂"地从"冕洞"中向外逃逸，终于吹起了波及整个太阳系的"超级大风"。

你了解"大地母亲"地球吗？

"地球"这个名字来源于对大地形状的认识，最早可以追溯到古希腊学者亚里士多德的相关论述，他从球体哲学上的"完美性"和数学上的"均衡性"提出"地球"这个名称和概念。地球是太阳系从内到外的第三颗行星，也是太阳系中直径、质量和密度最大的类地行星。

地球的质量大约为60亿万吨。地球的平均密度为5.517克/立方厘米，大约是水的密度的5.5倍。住在地球上的人类又常将壮丽唯美的地球景观称呼为世界。西方人常称地球为盖亚，这个词有"大地之母"的意思。

从太空看地球

地球是目前人类所知宇宙中唯一存在生命的天体。地球的矿物和生物等资源维持了全球的人口。地球上的人分布在大约200个有着独立主权的国家里，它们通过外交、旅游、贸易和战争相互联系。而有关人类文明的形成，目前有40多种学说，但其中还没有一种学说是比较完整的和被普遍接受的。

根据对行星物质来源的看法，可以把各种学说分为4类：

1. 灾变说或分出说。此学说认为行星物质是因某一偶然的巨变事件从太阳中分出的，例如，由于另一颗恒星走近或碰到太阳，或者由于太阳爆发，从太阳分出的物质后来形成行星。

2. 俘获说。此学说认为太阳从恒星际空间俘获物质，形成原行

星云而演变成行星。

3．共同形成说。此学说认为整个太阳系所有天体都是由同一个原始星云形成的，星云中心部分的物质形成太阳，外围部分的物质形成行星等天体。

4．星云说。此说法认为大约在50亿年前，银河系里弥漫着大量的星云物质，它们因自身引力作用而收缩，在收缩过程中产生的旋涡，使星云破裂成许多"碎片"。其中，形成太阳系的那些碎片，就被称之为太阳星云。太阳星云中含有不易挥发的固体尘粒。这些尘粒相互结合，形成越来越大的颗粒环状物，并开始吸附周围一些较小的尘粒，从而使体积日益增大，逐渐形成了地球星胚。地球星胚在一定的空间范围内运动着，并且不断地壮大自己，于是，原始地球就形成了。原始地球经过不断的运动与壮大，最终形成了今天的模样。

 地球的真实形状是什么样的？

近年来，经过精确测量和一批人造地球卫星轨道资料的分析，表明地球实际上为一近似的三轴椭球体，地球的实际形状很不规则，很难用简单的几何形状准确地表示它的真实形态。为了便于对地球进行测量，根据不同精度需要把地球形状作不同处理，在制作地球仪、绘制小比例尺全球性地图时，常把地球当作正球体看待。为了突出地球形状的总体特征，用大地水准面来表示地球的形状，

地球

这个大地水准面所表示的地球形态并不是一个规则的椭球体，所以通常又把规则的椭球体作为参考椭球体，用各地的大地水准面对照参考椭球体的偏离来反映地球的真实形状。在测绘大比例尺地图时，常把地球作为参考椭球体看待，在发射人造卫星和轨道计算时，就要考虑不同地方与参考椭球体的偏差值。精确测量结果表明，地球的赤道不是正圆，而是个椭圆，长轴与短轴最大相差430米。地球也不是以赤道面为对称的，北半球稍尖而凸出，比参考椭球面凸出18.5米，南半球稍肥而凹入，比参考椭球面凹入25.8米，南纬45°稍隆起，北纬45°稍微凹陷。

地球是怎样运动的？

地球好比一只陀螺，它绕着自转轴不停地旋转，每转一周就是一天。自转产生了昼夜交替的现象，朝着太阳的一面是白天，背着太阳的一面是夜晚。当我们中国这里是白天的时候，处在地球另一

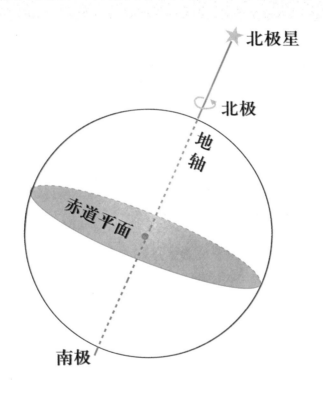

地球的自转

侧的美国正好是夜晚。地球自转的方向是自西向东的，所以我们看到日月星辰从东方升起逐渐向西方降落。

地球不但自转，同时也围绕太阳公转。地球公转的轨道是椭圆形的，公转轨道的半长径为149597870千米，轨道的偏心率约为0.01667，公转一周为一年，公转平均速度为每秒29.79千米，公转轨道面与赤道面的交角约为23°27′，且存在周期性变化。

 ## 为什么我们感觉不到地球在运动？

地球总是转个不停，转动的速度非常快。它绕太阳公转，平均轨道速度约为每秒钟29.79千米。它自转的速度也很快，在赤道上，它自转的线速度是每秒465米，比车船的速度不知快多少倍。但是我们却感觉不到地球的转动，这是因为地球太大，它转得又非常平稳，没有一点震动。我们能看到的东西除了星星之外，连空气都和它一起转动。正是空气被地球紧紧吸引住，和它一同转动，所以我们感觉不到地球在动。在茫茫的宇宙中，虽然星星可以帮我们看出一点点地球转动的行踪，但星星离我们实在太远了，有点变化也看不出来，这样，我们的眼睛失去了可以对比的外界事物，就感觉不到地球转动了。但我们每天看到太阳、月亮、星星东升西落，就是地球自转的结果；而四季的交替，循环往复，则是地球公转的结果。

📖 1分钟有61秒是怎么回事？

当你看到这个问题时，一定会想，1分钟真有61秒吗？答案是肯定的。古代人们一直将地球运动的时间间隔视为标准钟点。无论是古代的日晷，还是近代的机械表，都将地球的运动——自转

原子钟

造成的日月星辰的东升西落作为时间的标准。但是自从20世纪40年代原子钟诞生以来，天文学家发现地球的自转并不是完全均匀的，而是有时快于原子钟的时间，这是因为地球上的大气运动、海水运动、地壳变动及其地球内部的物质运动都会使地球转动的速度发生变化。因此，人们决定采用一种能够兼顾地球自转和原子钟的"协调世界时"。

每当地球自转速度的变化产生的时间差累积到与原子钟相差接近一秒时，人们就将"协调世界时"的时钟的某一分钟增加或减少一秒，使两者的时间协调一致。所增加或减少的那一秒称之为"跳秒"。如果增加一秒（时间拨慢），称为"正跳秒"，反之称为"负跳秒"。跳秒通常都安排在每年的6月30日或12月31日的最后一瞬间。因为地球自转的速度正在趋于变慢，"负跳秒"时至今日还未发生过，所以每当"正跳秒"时的那一分钟就自然为61秒了。

 ## 我国的二十四节气是怎么来的？

当地球在轨道上自西向东绕太阳公转时，地球上的人们感觉不出地球本身的运动，但能看到太阳沿黄道也自西向东作周年视运动，黄道是指地球上的人们观察太阳在一年内所走的视路径。自春分点起，把黄道分为24等份，每15°为一个节气，6个节气为一季，四季共24个节气。因此，二十四节气是指太阳在黄道上作周年视运动时24个具有季节意义的位置日期，它是属于阳历

的，所以在阳历中的日期比较固定，上半年在6日、21日，下半年在8日、23日，前后仅差一二日。

 你知道月亮的身世吗？

月亮像一个温柔可爱的小姑娘，为人们的生活平添了无穷的诗情画意。如果没有了月亮，即使在最晴朗的夜晚，我们也只有微弱的星光做伴，而且还要不知额外损耗多少的电力。地球能有月球陪伴应该是地球尤其是地球上生命的幸运。那我们不禁要问：月球从哪里来的呢？这个问题一直以来众说纷纭，没有定论。目前比较流行的主要有4种假设。

一、分裂说

分裂说是最早解释月球起源的一种假设。早在1898年，著名生物学家达尔文的儿子乔治·达尔文就在《太阳系中的潮汐和类似效应》一文中指出，月球本来是地球的一部分，后来由于地球转速太快，把地球上一部分物质抛了出去，这些物质脱离地球后形成了月

阿波罗 12 号

月亮

球，而遗留在地球上的大坑，就是现在的太平洋。这一观点很快
就遭到了一些人的反对。他们认为，以地球的自转速度是无法将
那样大的一块东西抛出去的。再说，如果月球是地球抛出去的，
那二者的物质成分就应该是一致的。然而，通过对"阿波罗12
号"飞船从月球上带回来的岩石样本进行化验分析，发现二者相
差非常远。

二、俘获说

这种假设认为，月球本来只是太阳系中的一颗小行星。有一
次，因为运行到地球附近，被地球的引力所俘获，从此再也没有
离开过地球。还有一种接近俘获说的观点认为，地球不断把进入

自己轨道的物质吸聚到一起，久而久之，吸聚的东西越来越多，最终形成了月球。但也有人指出，像月球这样大的星球，地球恐怕没有那么大的力量能将它俘获。

三、同源说

这一假设认为，地球和月球都是太阳系中浮动的星云，经过旋转和吸聚，同时形成星体。在吸聚过程中，地球比月球相应要快一点，成为"哥哥"。然而，这一假设也受到了挑战。通过对"阿波罗12号"飞船从月球上带回来的岩石样本进行化验分析，人们发现月球要比地球古老得多。有人认为，月球年龄至少应在70亿年左右。

四、大碰撞说

该学说认为，在太阳系形成早期，大约在相当目前地月系统存在的空间范围内，形成了一个原始地球和火星般大小的天体，它们在各自的演化中均形成了以铁为主的金属核和以硅酸盐组成的幔及壳。一个偶然的机会,这两个天体撞在了一起，地球被撞出了轨道，火星大小的天体也碎裂了。火星大小的天体被撞裂后，其飞离的气体、尘埃受地球的引力作用"落"在地球的周围，通过吸聚，先形成几个小天体，然后像滚雪球似的形成了月球。这种假说在某种程度上兼容了3种经典假说的优点，并得到了一些地质化学、地质物理学实验的支持，但目前还在研究中。

你能看到月亮的全貌吗？

月球在自转的同时还在环绕地球运动。月球在环绕地球运动的过程中，有些微小的前倾后仰、左右摇摆，使我们大约能看到59%的月面。月球好像始终不肯将其另一半露出来，所以我们不能看到月球的全貌。于是，有人认为月球只是半个球，它只有凸向地球的

月球的背面

一面，另一面则是平面。直到1959年10月，苏联发射的"月球3号"探测器第一次拍摄到月球的背面，才解开这个千古之谜。

那么，为什么月球始终不肯将其另一半展示给我们呢？这主要是地球对月球的引力所造成的。正是由于地球对月球的引力造成月球的各圈层之间的摩擦，损耗了月球自转的能量，使月球自转的速度减缓。现在，月球自转一周与环绕地球运动一周的时间相等，都为27.32166天。那么，为什么月球自转一周同环绕地球运动一周的时间相同就看不到另外一半月球呢？我们不妨做个小实验：我们可以将自己的头部看作是月球，家中的台灯看作是地球，你环绕台灯转动的同时，要仿照月球自转，而且这两种转动的方向、速度要一致，你刚开始运动时是面对台灯的，在环绕台灯一周的时间内也自转一圈，你会发现你是始终面对台灯的。也就是说，假如另外一个人站在台灯的位置，他只能看到你的面部，始终看不到你的后脑勺。我们站在地球上看月球，就像站在台灯位置的人看你一样，只能看到月球的一面。

月亮上没有生命的证据有哪些？

当我们看到月亮上的斑迹时，就会想到伽利略，因为他曾用他的望远镜发现月亮是由山脉、火山口及平原组成的。这些斑迹从来没有变化过。当月亮隐没在云层中时，我们看不到上面的斑迹。但是，在晴朗的夜晚，这些斑迹就会显露出来。于是人们就得出结论，

人类登上月球

说月亮同地球一样也是一个世界，只不过它没有云朵而已，因为云朵是在空气中形成的，这似乎也暗示着月亮上没有空气。

月亮从天空中穿越的每一瞬间都有可能从某颗恒星面前经过。如果月亮周围存在有大气层，那么当月亮逼近某颗恒星时，这颗恒星发出的光就掩映于月亮的大气层中，它会逐渐变得模糊不清，最终，当恒星从月亮身后经过时，瞬间即会闪烁出光芒。但上述这种情况并未发生。相反，这颗恒星始终保持光芒四射，直至从月亮身体后经过，并没有什么大气层阻挡它的光亮。

当人们发现了被部分太阳光照亮的月亮的一面时，就会看到明暗面之间有一条明显的分界线。如果有大气存在，这条分界线就会变得模糊不清，如同我们在地球上所见到的"晨昏蒙影"现象一

样。而实际上，月亮上的这条分界线是非常清晰的，没有看到什么"晨昏蒙影"，因此说月亮上没有大气层。

为什么月亮上不存在大气层呢？原来，月亮的质量比地球小，所以它的吸引力就弱。月亮表面的万有引力只有地球的1/6，没有足够强的能力吸引住周围的大气。如果月亮周围曾经存在过大气层，那它在很久以前就已经漂移到宇宙空间里去了。

月亮上也不存在开放的水——海洋、湖泊、池水和河流。如果有，水也会在灼热的太阳照射下蒸发，而月亮也没有足够强的吸引力来吸住水蒸气。因此，即便是月亮上曾经有过水，到现在为止，也早已全部"跑掉"了。当伽利略首次观察月亮时，他认为月亮上黑暗的部分是海洋，有人甚至现在还这么称呼。再仔细一点儿观察它，会发现"海洋上"有许多"火山口"一样的东西以及其他一些斑迹。如果月亮上的"海洋"是真正的"海洋"的话，那它上面的火山口和其他斑迹是不可能存在于海里的。或许它们是从原始的火山活动中流出的熔岩。既然我们能很容易地得出结论，认为月亮上没有空气和水，那么它上面就不可能存在我们所熟悉的生命类型，月亮也因此被看成是一个杳无生迹的世界。

月全食是怎么回事？

月全食是月食的一种，当整个月球完全进入地球的本影之时，就会出现月全食。月食时，对地球来说，太阳和月球的方向相差

月全食的过程

180°，由于太阳和月球在天空的轨道（分别称为黄道和白道）并不在同一个平面上，而是有约5°的交角，因此，只有太阳和月球分别位于黄道和白道的两个交点附近时，才有机会形成一条直线，产生月食。月食可分为月偏食、月全食及半影月食3种。

当月球只有部分进入地球的本影时，就会出现月偏食；而当整个月球进入地球的本影之时，就会出现月全食。至于半影月食，是指月球只掠过地球的半影区，造成月面亮度极轻微的减弱，很难用肉眼看出差别，因此不为人们所注意。

月球上有哪些资源可以开发？

月球上可利用的能源主要有太阳能和核聚变燃料。月球表面没有大气层，太阳辐射可以长驱直入，因此，月球表面太阳辐射强烈，有丰富的太阳能，可以在月球表面建立太阳能发电厂，从而获得极其丰富而稳定的太阳能。这不但可以解决未来月球基地的能源供应问题，甚至还可以用微波将能量传输到地球，为地球提供新的能源。据测算表明，每年到达月球范围内的太阳光辐射能量大约为12万亿千瓦。假设使用目前光电转化率为20%的太阳能发电装置，则每平方米太阳能电池板每小时可发电2.7千瓦时。从理论上来说，可以在月球表面无限制地铺设太阳能电池板，获得丰富而稳定的太阳能。据估计，月球土壤里含有大约100～500万吨氦-3，具有巨大的开发利用前景。如果把氦-3作为可控核聚变燃料，

克里普岩

它将是人类社会长期、稳定、安全、清洁和廉价的燃料资源。氦-3资源将有可能成为解决今后人类能源需求的重要原料。

此外，月球表面分布的22个主要月海中存在着体积约1010立方千米的月海玄武岩，这里面蕴藏着丰富的钛、铁等资源。月海玄武岩中丰富的钛、铁矿是未来月球可供开发利用的最重要的矿产资源之一。月球高地三大岩石类型之一的克里普岩蕴藏着丰富的钍、铀，也是未来人类开发利用月球资源的重要矿产资源之一。

 ## 月球的神奇之光是怎么回事？

早在50万年前就已停止了全球性地质活动的月球，似乎并不甘寂寞，它不时地以其特有的光辉唤起人们的关注。1783年，威廉·赫歇卫首先以其自制的22厘米望远镜观测到阿里斯托克环山附近阴暗地区的红色闪光。1958年11月3日，苏联科学家还拍下了阿尔芬斯环形山中央峰上一次长达30分钟的粉红色"喷发"型闪光的光谱图。

1969年7月20日，首次登月的阿姆斯特朗在着陆前夕，曾看到阿里斯托克环山发出的淡淡荧光。无独有偶，两位德国天文爱好者也同时在地面上看到了这种神奇之光。类似的辉光、雾焰、闪烁和淡色的发光现象已记载了1400多起。

月面辉光现象多半发生在月球过近地点前后，此时，月球受到最强的地球潮汐作用而处于"月震"频发期。月震使密封于月球表

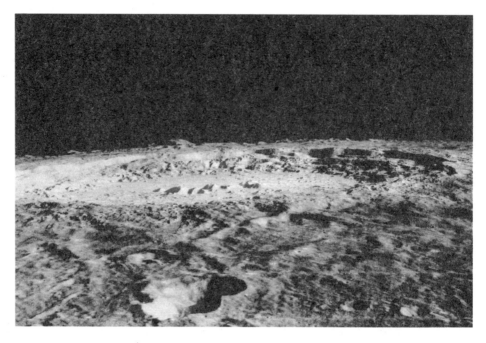

月震

面下的气体得以从裂缝和断层中逸出，进而吹扬起月尘，引发了辉光。另外，月面闪光多发生在月球上受太阳照射的明暗交界线上，此处温差变化大，导致月贮存岩破裂并放出电子。它"点燃"了月岩中的气体而放出辉光。当然，极少数时候，辉光是因陨石冲击所致：1972年5月13日，一颗大陨石撞击月球，造成了足球场大小的坑洞，激起的月尘飞扬了近1分钟。

 你知道月亮为什么会有圆缺吗？

月亮像地球一样是一个不发光的天体，我们能够看到它，是因

月有阴晴圆缺

为其表面可以反射太阳光。众所周知，月亮绕地球运行，形成了月亮的盈亏(圆缺)变化。当月亮运行到太阳和地球之间时，就会出现新月，此时，朝向地球的月面是黑暗的。如果此时你站在月面上，就会看到一个圆圆的、蓝蓝的，大而色彩丰富的天体，它便是我们的地球。当月亮的运行位置与地球和太阳的连线成直角时，我们看到的便是上弦月或下弦月，此时，月亮是个半圆。当太阳、地球、月亮三者大致在一条直线上且地球居中时，我们看到的是满月。虽然月亮任何时候都有半面被太阳灼晒着，但月球的日照面并不是总朝向地球，而且人们只能在地球上的暗影里看到月亮，随着月亮在其轨道上的移动，我们看到月亮的反光面大小会不断变化。

 中秋之夜月亮真的分外明亮吗？

　　早在2000多年前，我国就把农历八月十五定为中秋节。有许多人认为，中秋节晚上的月亮比一年中其他时候的月亮要亮一些。但是，从现代天文学的研究成果来看，中秋节的月亮并不比一年里其他时候的望月更亮。月球是在一个椭圆的轨道上围绕地球运转的，

中秋的月亮

因此，月亮与地球之间的距离时远时近，中秋佳节时，月亮常常不在离地球最近处，自然不一定比其他月份的望月亮了。

从满月到满月，平均要经过29天12小时44分，这叫作一个朔望月，朔在每月的初一，"朔"以后平均经过14天18小时22分才是"望"。所以，只有当"朔"发生在初一清晨时，"望"才会发生在十五的晚上，但这十分罕见。多数情况是望月不在十五的晚上，而在十六的晚上。朔望月的长短可以比平均值多或少6小时，因此，有时"望"会延迟到十七日凌晨才发生。所以，中秋节晚上的月亮往往没有第二天的月亮圆和亮。

人们之所以觉得中秋节晚上的月亮分外明亮，是由于主观感觉和多年流传下来的风俗习惯造成的，秋天不冷不热，秋高气爽，观赏月亮正当时候，加之一些文化因素，也自然就有"月到中秋分外明"这句话了。

 ## 月亮为什么会一直"跟着人走"？

夜晚，我们走路时会发现月亮也在跟着我们走，而且你停它也停。你说奇怪不奇怪？这是因为近处的东西会很快离开我们的视线，而远处的东西因为距离远，在视野里占的地位小，始终都在我们的眼睛里。月亮离地球有几十万千米，所以无论人走多快，在我们眼里，都会觉得月亮在跟着自己走一样。

月球的自转比地球慢得多，需要27.3天的时间，所以月球上的1

天，比地球上的1天要长得多。当月亮转了1周之后，还要再转过一个角度，才能正对太阳，这段时间要2.25天，把27.3天加上2.25天，月球上的1天等于地球上的29.5天。

我们和月球真的越来越远吗？

在40多年的时间里，科学家们一直用精确的激光测距仪测定月球和地球的距离，发现两者的平均距离增加了1.5米。月球正在以每年约3.8厘米的速度远离地球，原因是地球的自转速度在变慢。地球不完全是固体状态，地幔存在液态和半液态的物质，地壳上方还有水和空气。它们"自由散漫"，带动它们旋转肯定会产生摩擦，摩擦会消耗地球的旋转动能，使地球旋转变慢。潮汐是地球自转变慢的主要原因，它和月亮有很大关系。根据平衡潮理论，如果地球完全由深海水覆盖，用万有引力计算，月球所产生的最大引潮力可使海平面升高0.563米。月球吸引着海水摩擦地球，让地球的转速变慢，这就好比用抹布擦一个旋转的地球仪，地球仪的转速会变慢。根据生活在大约5亿年前的"二枚贝"化石上的条纹，科学家发现，那时候，地球一天只有21小时，一年有410天。根据"角动量守恒定律"，在没有外力的作用下，一个旋转系统的动量总是不变的。地球旋转速度变慢了，如果月球和地球距离不变，整个系统的动量就无法守恒，所以月球"需要"远离地球。

月海是怎么回事？

　　月海，是指月球月面上比较低洼的平原，当我们用肉眼遥望月球时，会发现它的表面有一些暗黑色斑块，这些大面积的阴暗区就叫作月海。整个月球上共有22个"海"，其中向着地球的这一面有19个。最大的海是风暴洋，面积约500万平方千米，月面中央的静海面积约26万平方千米。较大的还有冷海、澄海、丰富海、危海、云

月　海

海等。这些名字是古代天文学家定的。大多数月海具有圆形封闭的特点，周围是山脉。但有些圆形月海相互之间是连接着的。月海海面一般比"月陆"要低得多，如静海和澄海比月球平均水准低1700米左右，最低的是雨海东南部，海底深达6000多米。

很多人认为，月海是小天体撞击月球时，撞破月壳，使月幔流出，玄武岩岩浆覆盖了低地而形成的。但也有科学家根据对月球各类岩石成分、构造与形成年龄的研究，认为月球约形成于45.6亿年前。月球形成后曾发生过较大规模的岩浆洋事件，通过岩浆的熔离过程和内部物质调整，于41亿年前形成了斜长岩月壳、月幔和月核。在39～40亿年前，月球曾遭受到小天体的剧烈撞击，形成广泛分布的月海盆地，称为雨海事件。在31.5～39亿年前，月球发生过多次剧烈的玄武岩喷发事件，大量玄武岩填充了月海，厚度达0.5～2.5千米，称为月海泛滥事件。月海因此而成。

月亮和人的情绪有什么关系？

月亮，太阳系中与地球最亲密的星球，也是我们人类最熟悉的星球。多少世纪以来，人们赋予月亮许多美好的传说，使它具有无限的魅力。同时我们也知道，月亮的周期变化，可影响到地球海洋和大气的变化。但是，不知你是否清楚，月亮的阴晴圆缺对人体机能也有影响。

美国精神病学家利伯对这个问题做了长时间的研究。他所著的

《月球作用——生物潮与人的情绪》一书提出，人体中约有80%的是液体，类似海洋，这样，月球的引力能像引起海水潮汐那样对人体中的液体产生作用，引起生物潮。特别是满月和朔月时，月亮对人的行为影响比较强烈，在月圆时人们容易激动，刑事案件增加，啼哭的精神病人增加，失眠和精神紧张的人数倍增。另外，医学研究人员还发现，在满月时，出血人数多于其他时间。其原因可能是月亮的电磁力影响了人的荷尔蒙、体液和神经的电解质的平衡，从而引起人的生理和情绪的变化。科学家们在长期的观察和实验中还发现，每当满月时，空气的气压降低。空气处在低压状态时，就会使人体血管内外的压强差增加，使患有炎症出血的人的毛细血管更容易出血。还有的研究者发现，月球的磁场虽然很弱，不可能对地球生物产生明显的影响，但是，月球对地球的引力却能导致地轴位置发生微小的改变，从而引起地球磁场随之发生规律性的变化。地球磁场的改变作用于人体的神经和细胞，则能使人的生理和情绪发生某些变异。无论怎样，月亮的周期变化都会给人类健康带来危害。因此，在满月和朔月时，应特别注意情绪的控制，保持平和心态；有炎症出血的病人也要注意病情的变化，防止出血性死亡。

 ## 月球是地球唯一的一颗天然卫星吗？

通常意义上的地球天然卫星只有月球一个。但在月球轨道的前后各60度的位置上，有两个点。在这两个点上的天体，受到的地球

地球和月亮

和月球的引力可以形成一种动态的平衡，叫作月球的拉格朗日点。在这里的天体，会和月球以相同的角速度围绕地球公转。而这里的天体是两个非常暗弱的气团，它们和月球以相同的角速度围绕地球公转。因为气团的气体密度十分稀薄，我们在一般情况下无法看见，只有到高山顶上才能看到两块朦胧的光斑。

月球上可以建永久基地吗？

将来，人类要在月球上建立永久基地。这其中的原因主要表现在以下三个方面。

第一，要开发利用月球上的能源，建立月球发电站。地球上的能源，随着人类的不断开采使用，会越来越少，日渐枯竭。月球是离地球最近的天体，因此，科学家们设想在月球上建立太阳能发电站。具体方法是：在月球面上安装数以千计的太阳能电池阵，以收集太阳能，并通过仪器转化成电能，再以微波形式向地球输送。由于月球上没有大气，所以太阳能发电站不会受阴天、雨天的影响，每天都可以发电，而且费用低，安全可靠。因此，这是一种解决地球能源问题的好方法。

第二，要在月球上建天文观测站和航天发射基地。月球上没有大气的遮挡，引力又小，有利于架设巨型望远镜，让人类更好地观测、研究宇宙中的天体。同时，可在月球上建立航天发射基地，向其他星球发射探测器或宇宙飞船。因为月球引力小，又没有大气遮挡，发射工作要比在地球上容易得多。月球上的固态水，可以解决宇航员的生活用水，还可以用来制造液态的氢和氧，解决火箭发射的燃料。这样，月球就成了人类征服宇宙的中转站。

第三，在月球上进行工业生产，开采无公害的核原料。利用月球的特殊环境——高真空和低重力，能让月球工厂生产出在地球上不能或难以制造出的高性能材料。在月壤中有大量的核原料，用它既可以发电，又不会造成环境的污染，因此是一种理想的核燃料。

总之，在月球上建立永久基地，可以为人类解决许多困难，带来巨大的利益。

太阳系中公转最快的行星是谁？

水星，中国古代称为辰星，是太阳系八大行星最内侧的一颗，其主要由石质和铁质构成，密度较高。

水星自转周期很长，为58.65天，自转方向和公转方向相同。西方人称水星为墨丘利，墨丘利是罗马神话中专为众神传递信息的使者，而水星也无愧信使的称号：水星在88个地球日里就能绕太阳一周，平均速度47.89千米/

水　星

秒，是太阳系中运动最快的行星。它是8大行星中最小的行星，也是离太阳最近的行星。水星无卫星环绕。

 ## 你知道水星的样子吗？

　　水星的外壳由多孔的土壤和岩石粉末组成，表面和月球表面极为相似，布满了大大小小的环形山，这是水星表面受到无数次的陨石撞击的结果。当水星受到巨大的撞击后，就会有盆地形成，周围则由山脉围绕。盆地之外是受陨石撞击喷出的物质，以及平坦的熔岩洪流平原。此外，水星在几十亿年的演变过程中，表面还形成许多褶皱、山脊和裂缝，彼此相互交错。通过雷达对水星北极区的观测，科学家发现在一些坑洞的阴影处有冰存在的证据。

 ## 水星上有很多水吗？

　　看见水星这个名字，人们很自然地就会把它和水联系在一起。那么，水星上是不是有很多水呢？

　　有些科学家认为水星上并不存在水。因为水星在9大行星中距离太阳最近，所以光照非常强烈，再加上水星上的大气非常稀薄，所以强烈的阳光几乎是直接到达水星的表面，造成400多摄氏度的高

温。在这样的高温下，即使有水也会变成气体。同时，水星的引力远远小于地球，所以它的上面仅有稀薄的大气，即使有一些水分子散布到这层稀薄的大气中，也只能是逃之夭夭。

但事情远远不像上述推断那么简单。1991年，科学家在水星的北极发现了一个不同寻常的亮点。有的科学家认为是水星地表或地下的冰造成这个亮点的是在地表或地下的冰。这可能吗？有些科学家认为是可能的。在水星的北极，太阳始终只在地平线上徘徊，一些陨石坑的内部是永远见不到阳光的，所以它的温度会低到-160℃左右。从行星内部释放出来的气体可能在这里凝固，来自太空的冰也可能在这里积存起来。按照这种看法，火星上是存在冰的，而冰不就是固态的水吗？

水星上到底有没有水呢？这真是一个很难回答的问题，我们只能等待科学家去继续探索了。

在水星上度日如年是怎么回事？

站在水星上看到的景观与地球上完全不同。水星上看到的太阳，要比地球上看到的太阳大2～3倍。由于水星轨道较扁，所以每天看到的太阳时大时小，变化超过50％。太阳在天空中缓慢地移动，快慢很不均匀，时而还会倒退，这是因为水星的自转很慢。水星自转一周的时间约为59个地球日，而它绕太阳的轨道周期公转一周约为88个地球日，$59 \times 3 \cong 88 \times 2$，也就是说，水星自转3圈需要2个水星年。如果把太阳连续两次从地平线升起的时间间隔称为一天，对于一个站在水星上的人，需要等待两个水星年，即176个地球日。所以，一个水星日等于2/3个水星年，在水星的日子真正称得上是"度日如年"。

水星难露尊容的原因是什么？

尽管水星离地球很近，可是我们却很少看得见它，因为它离太阳太近了，常常被太阳的光辉所掩盖。只有当水星离太阳的视角距离最大时我们才能观察到它，这时它非常亮，甚至可以盖过天上最亮的恒星——天狼星的光芒。

为什么说"美神"金星是地球的孪生姐妹？

金星，是太阳系八大行星之一，是太阳系由内向外的第2颗行星。中国古代称金星为太白或太白金星。它有时是晨辰星，黎明前出现在东方天空，被称为"启明"。金星是全天中除太阳外最亮的行星，它就像一颗耀眼的钻石，于是，古希腊人称它为阿芙洛狄忒——爱与美的女神，而罗马人则称它为维纳斯——美神。

金星被称为地球的孪生姐妹，这是因为它们在外表上有不少相

金星

似之处：金星的半径约为6073千米，只比地球小300千米；体积是地球的0.88倍；质量约是地球的4/5；平均密度略小于地球。曾有人推测，金星的化学成分和表面的物理状况与地球相似，金星上发现生命的可能性甚至比火星还要大。但后来的着陆探测证明，金星是个奇热、无水、任何生命都无法存活的世界，金星和地球只是一对形同神异的姐妹。

 金星上的天空是什么颜色的？

金星表面的温度最高达465～485℃，这是因为金星上会发生强烈的温室效应，温室效应是指透射阳光的密闭空间由于与外界缺乏热交换而形成的保温效应。金星上的温室效应强得令人瞠目结舌，原因在于金星的大气密度是地球大气的100倍，且大气97%以上是"保温气体"——二氧化碳。同时，金星大气中还有一层厚达20～30千米的由浓硫酸组成的浓云。二氧化碳和浓云只许太阳光通过，却不让热量透过云层散发到宇宙空间。被封闭起来的太阳辐射使金星表面变得越来越热。温室效应使金星表面温度高达465～485℃，且基本上没有地区、季节、昼夜的差别。它还造成金星上的气压很高，约为地球的90倍。浓厚的金星云层使金星上的白昼朦胧不清，所以这里没有我们熟悉的蓝天、白云，整个天空是橙黄色的。

 ## 金星凌日是怎么回事？

金星凌日是指位于太阳和地球之间的金星直接从太阳的前方掠过，成为相对于太阳的可见黑暗盘状（并且因而遮蔽太阳的一小部分）的现象。金星凌日可分为两种：一种是降交点的金星凌日，它发生在6月8日前后，届时，金星由北往南经过日面（黄道）；一种是升交点的金星凌日，它发生在12月10日前后，届时，金星由南往北经过日面（黄道）。人们通常认为，降交点和升交点的金星凌日是成双成对交替出现的，在数量上是平分秋色的。其实不然，两者在数量上是不相等的，即降交点金星凌日比升交点金星凌日多。从公元902～1984年，共出现32次金星凌日，其中降交点金星凌日有

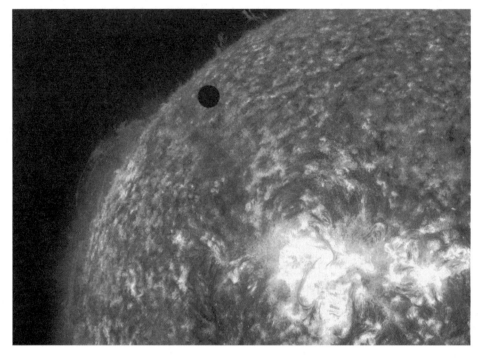

太空拍金星凌日

18次，而升交点金星凌日只有14次。降交点金星凌日比升交点金星凌日的多的原因是：降交点（6月8日前后）的金星凌日，金星距离地球较远，达4321万千米；而升交点的金星凌日，金星距离地球较近，只有3947万千米。在同等条件下，如果距离地球较远，金星凌日发生的概率就越多。

 你知道火星名字的由来吗？

火星为太阳系8大行星之一，是太阳系中由内向外的第四颗行星，距离太阳第四远。因为火星在夜空中看起来是血红色的，所以在西方，以罗马神话中的战神玛尔斯Mars(或希腊神话对应的阿瑞斯——Ares)命名它。火星在史前时代就已经为人类所知。由于它被认为是太阳系中人类最好的住所（除地球外），它受到科幻小说家们的喜爱。在古代中国，因为火星荧荧如火，故称"荧惑"。火星有两颗小型天然卫星:火卫一Phobos和火卫二Deimos(阿瑞斯儿子们的名字)。两颗卫星都很小，而且形状奇特，可能是被引力捕获的小行星。英文里前缀"areo"指的就是火星。

火星上有生命吗?

火星是一颗在某些方面与地球十分相似的天体，如自转速度、表面温度、四季变化等。所以，许多年来，人们一直认为火星上可能存在着生命。20世纪60年代中期以来，美国和苏联都相继发射宇宙飞船对火星进行考察。特别是美国的"海盗"号探测器，还在火星上着陆，进行了实地考察。从探测器考察的情况来看，火星表面很像月球，上面有1万多个大大小小的环形山。据美国天文学家宣布，火星上有两个地区水分比较充足。美国的火星探测器证实，这两个地区的水蒸气比火星上其他地方要多10～15倍，地球上的许多生物都能够在这种条件下生存。人们猜测，这两个地区很可能有生命的存在。遗憾的是，"海盗"号未能在这两个地区着陆。有人根据火星上的大气构成，火星表面有弯曲的河床地形等推测，火星过去可能存在高级生命。现在，专家们一致认为，火星上至少有低级

的生命形式。火星上到底有没有生命？还有待科学家的进一步研究。2011年11月26日23时2分，美国宇航局"好奇"号火星探测器发射成功，顺利进入飞往火星的轨道。2012年8月6日"好奇"号火星探测器成功降落在火星表面，展开为期两年的火星探测任务。

火星有多少颗卫星？

火星有两颗天然卫星，由美国的霍尔于1877年发现。火卫一距离火星中心约9400千米，公转周期为7小时59分，比火星自转快得多，所以从火星上看来，它是西升东落的。火卫二离火星23460千

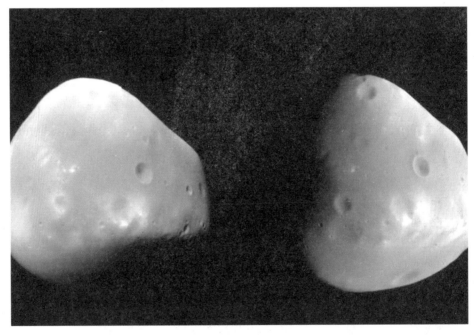

火星两卫星擦身而过

米，公转周期30小时18分，它们的形状都很不规则。火卫一的大小为13.5×10.8×9.4千米。它表面参差不平，布满了大大小小的陨石坑，火卫一上甚至有一直径达8千米的环形山和环形山组成的山链，还有最深达500米的沟纹。火卫二是火星最小的一颗卫星，平均直径6.2千米。

它们的轨道并不稳定，火卫一有加速现象，轨道不断降低，而火卫二却在慢慢远离火星。火卫一日绕火星3圈，火卫二30.3小时环绕火星一周。

 # 木星为什么是一个会发光的行星？

木星是太阳系中从内向外的第五颗行星。木星有一个最显著的特点，就是它是一个会发光的行星。我们知道，只有恒星才会自己发光，行星不会发光，它靠反射阳光才被我们看到。但木星却非属此例，因为从木星上辐射出的热量比它从太阳那儿吸收的全部能量要大得多，约大两倍。根据木星发光这一事实，有人提出这样一个设想：木星也算是一颗恒星，它和太阳构成一个双星系统，是太阳的一颗暗伴星。太阳强大辐射能量的来源，在于其内部的热核反应。那么，木星的中心处也有热核反应吗？这一疑问目前还没有找到证实。木星为什么发光，至今仍是一个谜。

 你了解太阳系中最大的行星木星吗?

　　木星为太阳系8大行星之一，距太阳（由近及远）顺序为第5，是太阳系中体积最大的行星。木星主要由氢和氦组成，中心温度估计高达30500℃。希腊人称木星为宙斯（众神之王，奥林匹斯山的统治者和罗马国的保护人）。

木星

木星的赤道直径为142984千米，约为地球直径的11倍，质量约为地球的318倍，平均密度只是水星密度的1.3倍。木星表面温度十分低，大约有-140℃。木星很扁，这是由于木星自转得特别快造成的。高速的旋转，是由于赤道带物质具有很大的离心力，从而使赤道隆起。木星各处的自转速度不一样，赤道上最快，纬度愈高的地区自转速度愈慢。木星没有固体表面，是一颗气态行星。用望远镜观测木星，可以看到一些和赤道大致平行的明暗相间的条纹，这是由于它迅速自转而产生的大气流所致。

 ## 木星大红斑是怎么回事？

木星大红斑是木星上最大的风暴气旋，长约25000千米，每6个地球日按逆时针方向旋转一周，经常卷起高达8千米的云塔。这个大红斑的位置并不是固定不变的，而是在不断地移动。木星的大红斑大致位于南纬23°处，它的南北宽度经常保持在14000千米，东西方向上的长度在不同时期有所变化，最长时达40000千米左右，一般长度在20000～30000千米。

木星大红斑的面积足有3个地球那么大，其表面温度非常低，大约为-160℃。自从17世纪天文学家首次观测到此风暴，大红斑至少已存在200～350年。一般认为，第一位看见大红斑的人可能是罗伯特·虎克，他在1664年描述了木星上的这个斑点。这个斑点当时色彩较浓，但目前已逐渐暗淡。那大红斑的成因是什么呢？对于这个奇特的大红斑，有人认为它是一个超级大台风的台风眼，亦有人认

为这是木星两个不同方向的气流相激所造成的，但真实的成因，至今尚为一谜团。

 ## 你知道木卫二的冰川吗？

木星的第二颗卫星——木卫二，是一个温和宁静的世界，在它上面，最高的丘陵也只有50米。同时，它又是一个玲珑剔透的世界，它的表面覆盖着一层光滑的冰层。木卫二是太阳系中表面最平坦的天体，这是人们在"旅行者2"号空间探测器飞近木卫二时发现的。科学家们通过观测，推测它有一个带冰壳的固体核心，并且在冰壳和核心之间，可能有一层液态水。正是这样的构造，形成了木卫二平坦的地形，并使它承受了陨星撞击而不变形。根据这一思路，科学家对木卫二进行了深入研究。有人认为，在这

"旅行者"2号拍摄的木卫二高分辨率图片

颗星体上有一个厚度达120千米的水幔，这些水可能大部分封闭在核心的硅酸盐矿物中。还有人认为，30千米厚冰层下的液体水幔，最终也会结成冰。

天文学家史蒂文森等人计算了木卫二的热耗散，证实在其核心和冰壳之间确实存在一个液态水层。他们通过几种不同模式的实验，得出了木卫二在25千米深的冰层下存在一个地下海洋的结论。科学家们还计算出冰的最厚处是木卫二的两极和永久面向木星的一侧。但是他们的计算结果表明，这些冰并不是完全冻结的，大部分的冰像冰川一样在流动。木卫二这一有趣现象的成因，还有待于人们进一步研究。

 ## 你知道太阳系中最美丽的行星是土星吗？

土星是中国古代人根据五行学说结合肉眼观测到的土星的颜色（黄色）来命名的（按照五行学说即木青、金白、火赤、水黑、土黄）。土星的赤道直径是地球的9.5倍，体积是地球的740倍，但质量却只有地球的95倍。土星比木星还要扁，一方面是由于土星自转得快，自转周期大约是10小时14分，另一方面是由于它上面的气体所占的比例更大的缘故。土星主要由氢组成，还有少量的氦与微量元素，内部的核心包括岩石和冰，外围由数层金属氢和气体包覆。最外层的大气层在外观上通常情况下都是平淡的，虽然有时会有长时间存在的特征出现。土星的风速高达1800千米/时，明显比木星上

的风速快。土星的行星磁场强度介于地球和木星之间。

 ## 你知道土星的庞大家族吗？

近几年，随着观测技术的不断进步，大行星卫星的数量急剧攀升，目前已发现的土星卫星有62颗，所以说，土星有一个庞大的家族。土星卫星的形态各种各样、五花八门，使天文学家们对它们产生了极大的兴趣。最著名的土卫六上有大气，是目前发现的太阳系卫星中除地球之外的另一个有大气存在的天体。在已经确认的62颗土星卫星中，其中9个是1900年以前发现的。土卫一到土卫十按距离土星由近到远排列为：土卫十、土卫一、土卫二、土卫三、土卫四、土卫五、土卫六、土卫七、土卫八、土卫九。土卫十离土星的距离只有159500千米，仅为土星赤道半径的2.66倍，已接近洛希极限。这些卫星在土星赤道平面附近以近圆轨道绕土星转动。

1980年，当"旅行者"1号探测器飞过土星时，在原有的9颗卫星(土卫一、土卫二、土卫三、土卫四、土卫五、土卫六、土卫七、土卫八和土卫九)基础上又发现了8颗新的卫星。除目前已确认的62颗卫星外，很难说土星究竟有多少卫星，一些组成土星光环的较大的粒子实际上也许就是小卫星。

土星环是怎么回事？

从天文望远镜中看，土星是太阳系8大行星中最美丽的一颗。在土星赤道外围有着一圈明亮、美丽的光环，很像一个人头上的宽边大草帽。太阳系中，虽然木星、天王星也有光环，但都不如土星的光环这样光彩夺目。

最初，人们的观测技术落后，以为土星的光环是一整块东西。直到19世纪中叶，人们通过观测才发现，土星的光环是由无数直径为几厘米到几米的冰块和沙砾组成的，而且光环很薄，仅有10千米左右，但是很宽，如果我们将地球放在光环上，就像足球在足球场上滚动一样。1980年11月，当"旅行者"1号空间探测器飞临土星时，我们才见到了土星的照片，看见了土星光环的微细结构，才知道光环是由数不清的明暗相间的细环组成的，好像密纹唱片上的波纹似的。

从地球望远镜里见到的土星光环不但明亮、美丽，而且还在不断变化。但是，最特别的是，这样美丽的光环不是所有的年份都能看到。荷兰天文学家惠更斯曾经对这一现象加以解释说：土星在运动过程中，其光环也在运动，并以不同的角度面向地球，当它的侧面朝向地球时，我们就见不到美丽的土星光环了。通常，每隔15

年，土星的光环就会在我们的视野中消失一次。

哪颗行星能给地球发射信号？

天文学家早就发现土星一直在有规律地向地球发射一种神秘的无线电脉冲信号，其中有一些脉冲的强度可与太阳发射的波长相比。土星发出的无线电信号让天文学家们感到困惑。美国宇航局下属的"卡西尼"号探测器探测到来自这颗行星南北两个半球的无线电信号是不同的，这种差异将影响到天文学家对土星自转周期的测算。不过，这种信号的差异还不止于此。天文学家们一般认为这种信号变化是由土星自转引起的，但是他们却发现土星的信号还存在明显的季节性变化。土星会发出天然的无线电波，称为"土星千米波辐射"(SKR)。人耳无法听到这种频段的无线电波，但是"卡西尼"号探测器可以。在它听来，这就像是一种空袭警报声，随着土星的每次自转而发生着声调的变化。

土星大白斑是怎么回事？

大白斑是土星上的一种大气现象，定期在土星上出现，其大小通常会大到在地球上用望远镜便可看到。土星大白斑的出现具有周

土星上的白斑

期性，地球上用望远镜进行观测时，可显著地看到这种较大结构的风暴，并且它具有典型的白色特征。大白斑是一个大气旋，由奇特的旋转云和涡流形成。土星10个多小时自转一周，自转速度快得异常，快速的旋转导致土星上的大气环流非常激烈。剧烈的大气活动又导致土星上出现大白斑。在哈勃望远镜的早期勘测中，它拍摄到一个非常奇特的现象——土星表面存在着较大的风暴，从太空角度观测就呈现出像"大白斑"的结构。这张照片是1990年11月9日拍摄的，科学家基于这项发现，推测土星"大白斑"是太阳系内最大的大气层结构。经过计算机对模糊图像处理之后，确定土星"大白斑"长32万千米，宽9600千米。科学家认为，这个巨白斑之所以呈现白色是因为它是由氨冰晶体构成。巨大风暴从土星低大气层释放温暖的气体，并穿过形成较长的雾染氨冰厚密上层的地幔，当气体

在大气层顶部扩张时，新鲜的氨冰晶体将浓缩冷却形成雾气，从而形成从地球上清晰可见的巨大白色区域。

 ## 你知道土卫八的阴阳脸吗？

早在1671年，土星的第8颗卫星就已经被人们发现，当时，人们就注意到它有悬殊的亮度变化——土星西边要比东边亮两个星等。当"旅行者"1号和"旅行者"2号飞近这颗卫星时，发现它上面有一条暗带，最亮的区域在它的两极。土卫八的这种奇怪现象，引起了科学家们的兴趣。人们通过观测发现，土卫八较亮的部分覆盖着大面积的冰层，较暗的一面则被一种类似陨石中的碳化物的物质所覆盖。加拿大科学家克洛蒂斯认为，暗的部分像是地球上的焦油沙粒，是泥土、石英颗粒、碳氢化合物和微量无机物的混合物。

有人曾认为，土卫八暗的一面可能是由于火山活动造成的。加拿大学者泰贝克经过研究，否定了这种说法。他认为，如果是火山爆发喷出的物质填满了盆地而使土卫八这一部分变暗，那么，这一面应该是在面向土星的那一面，而不是像现在这样。

很早以前，有人就曾假设土卫八暗的一面是它吸收土卫九抛出的物质而形成的。对此，泰贝克提出了3点质疑：从颜色上看，土卫九是黑色的，而土卫八呈微红色，说明土卫八吸收土卫九物质的可能性不大；从距离上看，土卫九环绕土星运行的轨道比土卫八远3倍，说明二者接触的可能性不大；从运行轨道看，土卫九是颗逆行卫星，与土卫八绕土星运行的方向正好相反。以上这些都说明，土卫八暗的一面的形成与土卫九关系不大。泰贝克提出了自己对这一问题的看法：大约在1亿年前的某个时刻，一颗彗星撞击了土星，导致易挥发的水散失了，但在以后的100万年里，较暗的物质又重新聚集到它的东半球上。关于土卫八为什么明暗不一，还有其他各种说法。但这些说法都还仅仅是假设，其真实原因，还有待于科学家们进一步研究。

 ## 天王星为什么横卧而行？

天王星是太阳系由内向外的第七颗行星。天王星的旋转方式十分奇特，如一个耍赖的小孩躺在地上打滚一般。其他行星的自转轴与公转轨道面都接近垂直，唯独天王星的自转轴呈现98°倾斜，几乎是横躺着绕日运行。长久以来，研究人员认为，这是由于在形成之后不久，天王星遭受了某颗巨型天体的撞击，导致自转轴急速翻转。这一设想颇为诱人，但却遭遇了极大的难题。由于天王星的所有卫星都在其赤道面（因天王星自转轴的倾斜而倾斜）上公转，因此，它们的运行轨道也跟着倾斜。然而，倘若事实如研究人员所假设的那样——天王星遭受撞击后急速翻转，那么，其卫星又如何能在短时间内拷贝不走样呢？

对此，有两位天体物理学家尝试作出解答。他们认为，天王星的翻转进程可能非常缓慢，使其卫星都有足够的时间跟进。这样

天王星

的解释似乎更合逻辑，然而，还有一个问题有待解答：那次撞击的肇事者又是谁？或许是天王星形成初期的某颗伴星。对此，科学家只能进行粗略的描述：某颗巨型卫星产生的引力，与太阳的引力一起逐步使天王星的自转轴翻转。研究人员计算出离天王星130万千米处，一个质量约为天王星1/100的卫星可能正是那次撞击的始作俑者。但是，在目前已知的，所有卫星中天王星的没有一颗符合这些条件！那么，这个谜题仍旧无解吗？未必。或许是因为后来在另一颗气态巨行星（木星、土星……）的引力作用下，天王星的这位颇有影响力的伴星被抛射得很远，以致我们还没有发现这颗卫星。一些模拟实验已经证实，在太阳系漫长的形成过程中，这些气态巨行星的轨道可能移动过不少。至于后续的研究进展，就让我们拭目以待吧！

 ## 天王星也有光环吗？

天王星有由直径小于10米的黑暗颗粒物质组成的暗淡环系统，是继土星环之后，在太阳系内被发现的第2个环系统。已知的13个清晰的环中，最亮的是ε环。天王星环是相当年轻的，在圆环之间的空隙和混浊度上的差异显示它们不是与天王星同时形成的。在环中的物质，可能是一次高速的撞击或是潮汐力扯碎卫星产生的碎片。

天王星是太阳系中第七个行星，于1781年发现。但直到1977年，人们才发现它的环。然而，一种新的理论认为，在公认的发现日期之前的180年，天文学家可能就已经发现了天王星周围的光环。就职于萨瑞卫星技术有限公司的斯图亚特·伊万斯博士对1797年由天文学家威廉·赫歇尔爵士公布的发现重新进行了分析。赫歇尔爵士曾声称，在这个第7大行星的周围发现星环，但他的这一发现在此之前一直被视为一种错误而未得到承认。在英国举行的皇家天文学会国家天文学会议上，这一新理论最终浮出水面。

伊万斯博士也是第一个提出这一新理论的人。在此之前，他曾在生日当天收到一个用相框框起来的书页，这页书出自1815年出版的一本百科全书，上面绘有一张太阳系仪的图片。(太阳系仪是天文学家使用的一种机械装置，作用是显示行星和卫星的相对位置和运动。)书页上的太阳系仪是由工匠威廉·皮尔森制造的，它显示了天

王星的自旋轴以及在它周围旋转的6个更小的天体。这些天体不可能是卫星，原因很简单：天王星的两颗卫星是在18世纪发现的，而它的第六颗卫星直到1985年美国宇航局的"旅行者"号探测器穿过这颗行星之后才被发现的。

在对这一问题进行研究后，伊万斯博士发现，百科全书中的皮尔森太阳系仪是在赫歇尔爵士观测结果的基础上制造的。第七大行星天王星也正是他在1781年发现的。赫歇尔曾以笔记的形式详述了其有关天王星的观测结果。伊万斯博士在对这些笔记进行分析时发现这一章节——"1789年2月22日：一个可疑的星环"。除此之外，赫歇尔甚至绘制了一张有关这个星环的小图并加以注释——"它有点趋向于红色"。凯克天文望远镜也已证实了这一点。

你知道天王星是蓝绿色的原因吗?

行星与卫星都不能自行发光，它们的光辉完全靠反射太阳光而来。这样说来，它们的颜色应该是相同的了。其实不然，熟悉星空的天文爱好者可以通过它们各自的特殊颜色，立即将它们从群星中分辨出来：金星灿烂夺目，火星火红，木星和土星淡黄而略带乳白。行星的不同颜色与它们的大气构成和表面性质有关。金星大气中浓密的二氧化碳和云层吸收了阳光中的蓝光部分，因而它更多地反射橙色光，自然显示金黄的色彩。火星大气稀薄，重力微小，但"席卷全球"的"尘暴"常将表面橙红色的氮化物卷上高空而使它有了一个红色的"脸膛"。木星、土星的大气中因富含氢和氦而使自己另具一色。然而，8大行星中，天王星和海王星的"脸色"却有点儿与众不同：它们在望远镜中呈蓝绿色。这种带有冷调的色彩或许与它们深居太阳系"广寒宫"的地位相呼应吧。其实，这也是由它们的大气成分所决定。原来，天王星和海王星的大气中富含甲烷，而甲烷对阳光中的红、橙光具有强烈的吸收作用。这样，经这两颗行星大气反射后的阳光的主要成分都是蓝、绿光，它们看上去就呈蓝绿色了。

 ## 海王星有多少颗卫星？

海王星是太阳系由内向外的第8颗行星。海王星拥有13颗已知天然卫星，其中最大的一颗为海卫一，由威廉·拉塞尔在发现海王星后17天发现。一个世纪之后，第二颗卫星海卫二才被发现。

海卫一是太阳系中质量最大的卫星。海卫二是海王星第3大卫星，它的离心率目前在已发现卫星中是最大的，达0.7512。海卫二最接近海王星的距离是130万千米，最远则是970万千米，因此，相信它是被海王星引力吸引的库伯带天体。

海卫三是海王星已知卫星中距其最近的卫星。它是"旅行者"2号于1989年发现的一颗海王星卫星。海卫三、海卫四、海卫五和海卫六的外形都不规则。海卫三的直径470千米，自转时间是7.066小时，离海王星237110千米。海卫四是距海王星第2近的卫星。海卫四

海卫一

的直径540千米，比海卫三长一点，自转时间是7.476小时，离海王星255890千米。海卫五是距海王星第三近的卫星。和海卫三的直径一样，海卫五的直径也是470千米，自转时间是7.066小时，它离海王星282040千米。

海卫六是距海王星第四近的卫星。海卫六的直径900千米，自转时间是8.032小时，它离海王星376950千米。海卫七是距海王星第五近的卫星。海卫七的直径1000千米，自转时间是13.312小时，它离海王星491800千米。海卫八是距海王星第六近的卫星，海卫八的直径2190千米，自转时间是1.122天，比地球的自转长一点，它离海王星939440千米。海卫九是海王星外部小卫星的第1颗。海卫十一是海王星外部小卫星的第4颗，它在2002年被发现。海卫十二是海王星外部小卫星的最后一颗。于2002年和2003年发现的海卫十和海卫十三拥有太阳系中最长的轨道，它们公转需25年，轨道半径平均为地球和月球之间的125倍。海王星距离太阳很远，拥有行星中最大的希尔球，因而有能力控制如此遥远的卫星。海王星的卫星以希腊及罗马神话中的海洋人物命名，许多为涅瑞伊得斯，这是为了配合海王星作为海洋之神（尼普顿）的身份。

 ## 浓烟滚滚的海卫一是怎么回事？

海王星距离太阳要比地球远30倍，它的直径约5万千米。它与木星、土星和天王星相似，也是"拖家带口"，身边围着一大群卫星，其中名气最大的是海卫一。海卫一是被一位"卫星猎手"——英国业余天文学家威廉·拉塞尔发现的。威廉·拉塞尔经营啤酒致富，但对天文学很感兴趣。19世纪40年代，他用自己设计的磨镜设备制作了一架直径60厘米的反射望远镜。1864年10月10日(即发现海王星17天后)，他用这架大望远镜发现了海卫一。但是由于距离太远，在当时的技术条件下观测，海王星及其卫星都是一些暗弱的小点。直到100多年后，"旅行者2"号飞临海王星近旁时，人类才真正看到它的"庐山真面目"。海卫一"体格"壮硕，直径约4000千米，比月球大，质量约为3×1017千克，是太阳系中质量最大的卫星。海卫一还拥有太阳系中最冰冷的表面(-235℃)，它被冻结的氮和甲烷所覆盖。这种冻结的表面甚至在海卫一南极地区形成了一个巨大的冰帽，可与火星上的"极冠"媲美。或许人们会以为这是个寒冷而又死一般寂静的世界，其实不然，海卫一是一个火山不断喷

发，冒着滚滚黑烟(氮气)的星球。在"旅行者"2号所拍摄的海卫一的照片上，可以看见一团团氮气像黑色喷泉一样从火山中喷出，这些气体和黑色尘埃构成8千米高的羽状物。

海卫一除了"浓烟滚滚"之外，还有许多其他独特之处：它有磁场，而其他卫星都没有；它有行星型的地形与内部结构；它比海卫二大得多，离海王星也近得多(仅35万千米)，但却一反常态，成为一颗逆行卫星。这些情形不由得让人们感到海卫一有点儿"来历不明"。有人认为，海卫一极有可能曾经是一颗独立的行星，后来被海王星的引力所俘获。这种"被俘"是"一不留神"呢，还是有某种力量在推波助澜呢？一些科学家认为后者的可能性较大。也许，那个推波助澜的"家伙"就是人们要找的太阳系第九颗行星。

冥王星为什么被踢出太阳系大行星行列？

1930年，美国天文学家克莱德·汤博最早发现了冥王星，并称它的质量比地球大数倍，从而使它成为了太阳系行星家族的第九位成员。

然而，后来的发现证实，冥王星的质量比月球还小。在2006年8月24日召开的第26届国际天文学联合会上，冥王星被踢出太阳系大行星的行列，划归为矮行星，原因是它的质量不够大，而且轨道与海王星的相交，这些都不符合"行星"的新定义。

第二章　宇宙星际

 宇宙是如何诞生的?

　　从地球望向太空，你会看到浩瀚的宇宙，云集着无数恒星和星系，因此，不论哪一个民族和国家，不论哪一个时代和时期，人类都对宇宙充满了好奇，都想知道宇宙是怎么来的，这样就有了关于宇宙形成的种种传说。比如盘古开天、女娲补天等优美的神话故事和上帝造出天地万物的宗教观念。不过，那都是建立在想象和幻想基础上的。今天，虽然科学技术有了很大进步，但关于宇宙的成因，仍处于假说阶段。目前，关于宇宙的成因，学术界较为流行的说法有以下3种：

NGC 天体

一、"宇宙永恒"假说。自从开天辟地以来，宇宙中的星体、星体密度以及他们的空间运动都处在稳定状态中。就是说，宇宙既无始又无终，在时间上和空间上是无限的。虽然一些恒星会"死亡"，星系也会发生变化甚至爆炸，但新的天体会不断产生。宇宙只是在局部发生变化，在整体范围内则是稳定的。

二、"宇宙层次"假说。这种假说认为，宇宙的结构是分层次的，如恒星是一个层次，恒星集合组成星系是一个层次，许多星系结合在一起组成星系团是一个层次，一些星系团组成超星系团又是一个层次。

三、"宇宙大爆炸"假说。以上两种假说虽然有一定的道理，但目前得到大多数科学家认同的，现代宇宙学中最有影响的一种假说是"宇宙大爆炸"。与其他宇宙诞生假说相比，它能说明较多的观测事实。"宇宙大爆炸"假说认为宇宙曾有一段从热到冷的演化史。在这个时期里，宇宙体系并不是静止的，而是在不断地膨胀，使物质密度从密到稀地演化。这一从热到冷、从密到稀的过程如同一次规模巨大的爆炸。

大爆炸假说能统一地说明以下几个观测事实：

1. 大爆炸理论主张所有恒星都是在温度下降后产生的，因而任何天体的年龄都应比自温度下降至今天这一段时间短，即应小于200亿年。各种天体年龄的测量证明了这一点。

2. 观测到河外天体有系统性的谱线红移，而且红移与距离大体成正比。如果用多普勒效应来解释，那么红移就是宇宙膨胀的反映。

3．在各种不同天体上，氦丰度相当大，而且大都是30%。用恒星核反应机制不足以说明为什么有如此多的氦。而根据大爆炸理论，早期温度很高，产生氦的效率也很高，则可以说明这一事实。

4．根据宇宙膨胀速度以及氦丰度等，可以具体计算宇宙每一历史时期的温度。大爆炸理论的创始人之一伽莫夫曾预言，今天的宇宙已经很冷，只有绝对温度几度。1965年，果然在微波波段上探测到具有热辐射谱的微波背景辐射，温度约为3K。这一结果无论在定性上或者定量上都同大爆炸理论的预言相符。但是，在星系的起源和各向同性分布等方面，大爆炸宇宙学还存在一些未解决的困难问题。

宇宙到底有多大？

在这个世界上，没有人知道宇宙究竟有多大。它或许是无限的，也或许它确实拥有边界，也就是说，如果你旅行的时间足够长，你最终将回到你出发的地方，就像在地球上那样，类似在一个球体的表面旅行。

科学家们对于宇宙的具体形状和大小存在分歧，但是至少对于一点他们可以进行非常精确的计算，那就是我们可以看多远。真空中的光速是一个定值，那么由于宇宙自诞生以来大约为137亿年，这是否就意味着我们最远只能看到137亿光年远的地方呢？

答案是否定的。宇宙最奇特的性质之一是：它是不断膨胀的。

浩瀚宇宙

并且这种膨胀几乎可以以任何速度进行甚至超过光速。这就意味着我们所能观测到的最远的天体事实上远比它们实际来的近。随着时间流逝，由于宇宙的整体膨胀，所有的星系将离我们越来越远，直到最终留给我们一片空寂的空间。

奇异的是，这样的结果是我们的观测能力被"强化"了，事实上，我们所能观察到最遥远的星系距离我们的距离达到了460亿光年。我们并非居于宇宙的中心，但是我们确实居于可观测宇宙的中心，这是一个直径约为930亿光年的球体。

宇宙处于不断的膨胀之中，但与此同时，科学家们对于宇宙尺度的测量精度也在不断提高。他们很快找到了一种绝佳的描述宇

宙中遥远天体距离的方法。由于宇宙在膨胀，在宇宙中传播的光线的波长将被拉伸，就像橡皮筋被拉长一样。光是一种电磁波，对于它而言，波长变长意味着向波谱中的红光波段靠近。于是，天文学家们使用"红移"一词来描述天体的距离，简单地说，就是描述光束从天体发出之后在空间中经历了多大程度的膨胀拉伸。一个天体的距离越远，当然它在传播的过程中光波波长被拉伸的幅度越大，光线也就越红。

宇宙有中心吗？

太阳是太阳系的中心，太阳系中所有的行星都绕着太阳旋转。银河也有中心，它周围所有的恒星也都绕着银河系的中心旋转。那么宇宙有中心吗？

按道理说应该存在这样的中心，但是实际上它并不存在。因为宇宙的膨胀一般不发生在三维空间内，而是发生在四维空间内的，它不仅包括普通三维空间（长度、宽度和高度），还包括第四维空间——时间。描述四维空间的膨胀是非常困难的，但是我们也许可以通过推断气球的膨胀来解释它。我们可以假设宇宙是一个正在膨胀的气球，而星系是气球表面上的点，我们就住在这些点上。我们还可以假设星系不会离开气球的表面，只能沿着气球的表面移动而不能进入气球内部或向外运动。

如果宇宙不断膨胀，就好比气球的表面不断地向外膨胀，则表

太阳系

面上的每个点彼此离得越来越远。其中，某一点上的某个（假设处在二维空间的）人将会看到其他所有的点都在退行，而且离得越远的点退行速度越快。现在，假设我们要寻找气球表面上的点开始退行的地方，那么我们就会发现它已经不在气球表面上的二维空间内了。气球的膨胀实际上是从内部的中心开始的，是在三维空间内的，而我们是在二维空间上，所以我们不可能探测到三维空间内的事物。同理，宇宙的膨胀不是在三维空间内开始的，而我们却只能在宇宙的三维空间内运动。宇宙开始膨胀的地方是在过去的某个时间，即亿万年以前，虽然我们可以看到，可以获得有关的信息，而我们却无法回到那个时候。

宇宙有多少岁了？

　　法国巴黎天文台的科学家在英国《自然》杂志上报告说，在银河系外缘的一颗古老恒星CS31082－001上观察到了铀元素的谱线，据此推算出该恒星上铀元素的含量。在将它与钍元素含量进行比较后，科学家们得出结论，宇宙的年龄至少有125亿年。但是另一些专家认为，现在下结论还为时过早。

三角座星系

　　华盛顿卡耐基研究所的阿切斯特·波南斯和他的同事已经在银河系的"邻居"三角座星系中观测到一颗正在逐渐暗淡的失色双星。这个系统中的两颗星星在它们的轨道上互相穿越，观测这两颗星星互相黯淡的过程，让天文学家们可以忽略两颗星星的大小和它们释放的能量。比较观测到的这两颗星星的亮度，揭示了行星离地球的距离。

　　这个结果刊登在美国《天文物理期刊》上，它测算出三角座星系(同样被称为M33星)距离地球300万光年，比通常人们认为的260万光年远了40万光年，后者是通过其他非直接的技术测量得出的。如果300万光年这个数据得到确定，新的距离暗示更远的星系都将比原先远40万光年，因为相对距离不会改变。而且，因为宇宙的大小和年龄都以星系距离为基础，结果，宇宙的年龄增加到了157亿年。

 什么是天体？

　　天体，是对宇宙空间物质的真实存在而言的，也是各种星体和星际物质的通称。如在太阳系中的太阳、行星、卫星、小行星、彗星、流星、行星际物质，银河系中的恒星、星团、星云、星际物质，以及河外星系、星系团、超星系团、星系际物质等。通过射电探测手段和空间探测手段所发现的红外源、紫外源、射电源、X射线源和γ射线源，也都是天体。

人类发射并在太空中运行的人造卫星、宇宙飞船、空间实验室、月球探测器、行星探测器、行星际探测器等，则被称为人造天体。

什么是天文单位？

天文单位（英文：AstronomicalUnit，简写AU）是一个长度的单位，约等于地球跟太阳的平均距离。天文常数之一。天文学中测量距离，特别是测量太阳系内天体之间的距离的基本单位，地球到太阳的平均距离为一个天文单位。1976年，国际天文学联合会把一天文单位定义为一颗质量可忽略、公转轨道不受干扰而且公转周期为365.2568983日（即一高斯年）的粒子与一个质量相等约一个太阳的物体的距离。当时的值是149，597，870，691±30米（约150000000千米或9300万千米）。2010年，国际天文学联合会重新精确测定了一个天文单位（AU）的精确数值，一个天文单位的定义值被确定为149，597，870，700米。

当最初开始使用天文单位的时候，它的实际大小并不是很清楚，但行星的距离却可以借助于日心几何及行星运动法则以天文单位作单位来计算出来。后来天文单位的实际大小终透过视差，以及近代用雷达来准确地找到。虽然如此，因为引力常数的不确定（只有五六个有效位），太阳的质量并不能够很准确。如果计算行星位置时使用国际单位，其精确度在单位换算的过程中难免会降低。所以这些计算通常以太阳质量和天文单位作单位，而不用公斤和千米。一个天文单位的距离，相当于地球到太阳的平均距离，约1.496×10^{8}千米。

 ## 宇宙会一直膨胀下去吗？

2011年，诺贝尔物理学奖颁发给美国加州大学伯克利分校天体物理学家萨尔·波尔马特、澳大利亚物理学家布莱恩·施密特和美国科学家亚当·里斯，以表彰他们"通过观测遥远超新星发现宇宙加速膨胀"，这有助于人类更多地了解宇宙扩张的秘密。1915年，爱因斯坦发表了他的广义相对论，此后它一直是人们理解宇宙的基础。按照广义相对论，宇宙只能收缩或者膨胀，不可能稳定不变。但诺贝尔物理学奖获得者得出的结论是：宇宙正在加速膨胀，而膨胀的力量来自超新星大爆炸。早在20世纪20年代，世界上最大的天文望远镜投入使用之后，美国天文学家哈勃于1929年确认，遥远的星系均在远离我们地球所在的银河系而去。星系不光在离我们而去，彼此之间也在相互远离，而且距离越远，逃离的速度就越快——这被称为哈勃定律(Hubbl's Law)，这也说明宇宙正在膨胀。

宇宙的加速膨胀的加速度暗示，在蕴藏于空间结构中的某种未知能量的推动下，宇宙正在分崩离析。科学家希望通过寻找遥远空间中爆发的超新星的距离和确定它们离我们而去的速度，能够揭开宇宙的

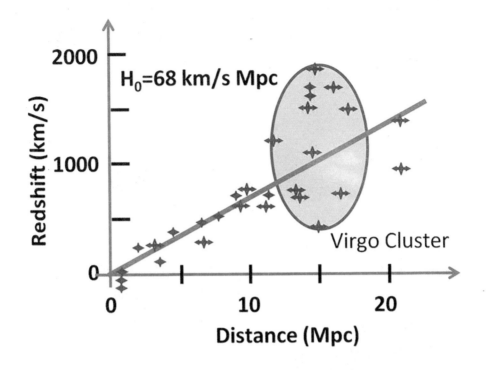

哈勃定律

最终命运。他们本来以为，自己会发现宇宙膨胀正在减速的迹象，这种减速将决定宇宙会终结于烈火还是寒冰。结果，他们发现了完全相反的事实——宇宙膨胀正在加速。这一发现完全出乎他们的意料。他们看到的现象，就好比是把一个小球抛向了空中，却没有看到它落回来，反倒看着它越来越快地上升，最终消失在了空中，仿佛引力无法逆转小球上升的轨迹一般，而类似的事情似乎发生在整个宇宙当中。

什么是星云？

星云是由星际空间的气体和尘埃结合成的云雾状天体。星云里的物质密度是很低的，若拿地球上的标准来衡量的话，有些地方是真空的。可是星云的体积十分庞大，常常方圆达几十光年。所以，一般星云比太阳要重得多。

星云的形状是多姿多态的。星云和恒星有着"血缘"关系。恒

星云

星抛出的气体将成为星云的部分，星云物质在引力作用下压缩成为恒星。在一定条件下，星云和恒星是能够互相转化的。最初，所有在宇宙中的云雾状天体都被称作星云。后来，随着天文望远镜的发展，人们的观测水准不断提高，才把原来的星云划分为星团、星系和星云3种类型。

星际物质与天体的演化有着密切的联系。观测证实，星际气体主要由氢和氦两种元素构成，这跟恒星的成分是一样的。人们甚至猜想，恒星是由星际气体"凝结"而成的。星际尘埃是一些很小的固态物质，成分包括碳合物、氧化物等。星际物质在宇宙空间的分布并不均匀。在引力作用下，某些地方的气体和尘埃可能相互吸引而密集起来，形成云雾状，人们形象地把它们叫作"星云"。它们主要分布在银道面附近。比较著名的弥漫星云有猎户座大星云、马头星云等。行星状星云的样子有点像吐的烟圈，中心是空的，而且往往有一颗很亮的恒星。恒星不断向外抛射物质，形成星云。可见，行星状星云是恒星晚年演化的结果。比较著名的有宝瓶座耳轮状星云和天琴座环状星云。

 什么是星团？

恒星往往成群分布。一般地，我们把恒星数在10颗以上而且在物理性质上相互联系的星群叫作"星团"。比如金牛座中的"昴星团"、"毕星团"，巨蟹座的蜂巢星团等。星团是由于物理上的原因聚集在一起并受引力作用束缚的一群恒星，其成员星的空间密度

星团

显著高于周围的星场。星团按形态和成员星的数量等特征分为两类：疏散星团和球状星团。

　　球状星团是银河系中最为古老的天体之一，对它的年龄和金属丰度进行测定，可以为我们研究银河系早期的恒星形成和演化过程提供重要的线索。另一方面，动力学研究是球状星团研究的另一重点领域。为此，需要知道星团的各种物理参数，包括质量、尺度、距离、空间密度分布等，所有这些都需要大量的观测才能得到。同时，处于银河系引力势中的球状星团会有恒星不断地在外部潮汐力场的作用下被剥离出去形成潮汐尾。潮汐尾的存在一方面反映了球状星团的动力学演化，另一方面也为我们提供了银河系中的物质分布情况。

什么是暗物质？

在宇宙学中，暗物质是指无法通过电磁波的观测进行研究，也就是不与电磁力产生作用的物质。人们目前只能通过引力产生的效应得知宇宙中有大量暗物质的存在。科学家曾对暗物质的特性提出了多种假设，但直到目前还没有得到充分的证明。

想象一下，在一个漆黑的夜晚，你飞行在崇山峻岭之上，你知道下面有连绵起伏的山峦，但是你无法看见。突然，山坡上几户人

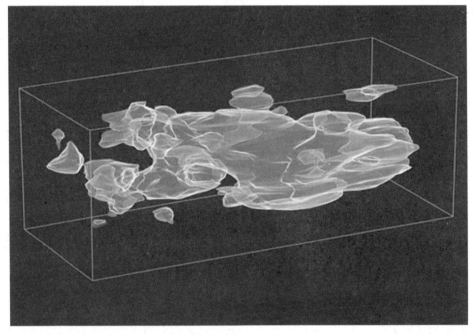

暗物质

家的灯光进入了你的视野。这星点的灯光勾勒出了山的轮廓，同时这也使你明白在远处的黑暗中还隐藏着更大的山体。科学家所面对的情况与此相似。他们的研究证明，亮物质（包括太阳、银河系以及所有发光的物质）仅仅是宇宙中的极小一部分。相反，宇宙中的暗物质占了将近1/4，暗能量占了近3/4。

为了了解暗物质的物理性质，科学家就必须先知道它们在哪里，还要知道暗能量是如何控制宇宙膨胀的（包括物质的分布），知道暗物质是如何随时间成团的。但是，科学家无法看到暗物质，他们所能看到的仅仅是茫茫群山中的几点灯光而已。

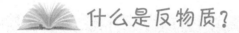

什么是反物质？

反物质是一种人类陌生的物质形式。在粒子物理学里，反物质是反粒子概念的延伸，反物质是由反粒子构成的。科学家认为，宇宙诞生之初曾经产生了等量的物质与反物质。后来，由于某种原因，大部分反物质转化为物质。再加上有的反物质难于被观测，所以，在我们看来，当今世界主要是由物质组成。一些科学家提出，宇宙中存在由反物质构成的反星系，反星系周围存在微小的黑洞群，这些微小的黑洞群在衰亡时会放出低能反质子和反氦原子核。因此，观测宇宙射线中的反质子和反氦原子核，可以为反物质天体的存在提供证据。

欧洲航天局的伽马射线天文观测台，证实了宇宙间反物质的

存在。他们对宇宙中央的一个区域进行了认真的观测分析，发现这个区域聚集着大量的反物质。此外，伽马射线天文观测台还证明，这些反物质来源很多，它不是聚集在某个确定的点周围，而是广布于宇宙空间。

什么是黑洞？

"黑洞"很容易让人望文生义地想象成一个"大黑窟窿"，其实不然。所谓"黑洞"，是这样一种天体：它的引力场是如此之强，就连光也不能逃脱出来。

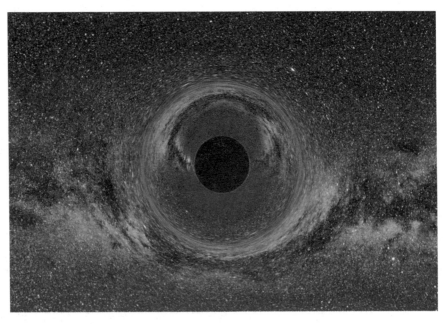

黑洞

根据广义相对论，引力场将使时空弯曲。当恒星的体积很大时，它的引力场对时空几乎没什么影响，从恒星表面上某一点发的光可以朝任何方向沿直线射出。而恒星的半径越小，它对周围的时空弯曲作用就越大，朝某些角度发出的光就将沿弯曲空间返回恒星表面。等恒星的半径小到一特定值(天文学上叫"史瓦西半径")时，就连垂直表面发射的光都被捕获了。到这时，恒星就变成了黑洞。说它"黑"，是指它就像宇宙中的无底洞，任何物质一旦掉进去，都无法逃出。实际上黑洞真正是"隐形"的。由于黑洞中的光无法逃逸，所以我们无法直接观测到黑洞。然而，可以通过测量它对周围天体的作用和影响来间接观测或推测到它的存在。2011年12月，天文学家首次观测到黑洞"捕捉"星云的过程。

宇宙中是否存在白洞？

白洞(又称白道）是广义相对论预言的一种性质与黑洞(又称黑道）相反的特殊"假想"天体。目前，白洞仅仅是理论预言的天体，到现在还没有任何证据表明白洞的存在。同黑洞一样，白洞也有一个封闭的边界。与黑洞不同的是，白洞内部的物质（包括辐射）可以经过边界发射到外面去，而边界外的物质却不能落到白洞里面去。因此，白洞像一个超级喷泉，不断向外喷射以重粒子为主要形态表现的物质及能量。

白洞学说在天文学上主要用来解释一些高能现象。白洞是否存在，尚无观测证据。有人认为，白洞并不存在。因为白洞外部的时空性质与黑洞一样，白洞可以把它周围的物质吸积到它的边界上形成物质层。只要有足够多的物质，引力坍缩就会发生，导致形成黑洞。另外，按照目前的理论，大质量恒星演化到晚期可能经坍缩而形成黑洞，但并不知道有什么过程会导致形成白洞。如果白洞存在，则可能是宇宙大爆炸时残留下来的。

 什么是宇宙岛？

宇宙岛是历史上对星系的一种称呼。在这里，古人把宇宙比作海洋，星系比作岛屿，是因为他们对宇宙的结构只有笼统的观念。

16世纪末，意大利思想家布鲁诺推测恒星都是遥远的太阳，并提出了关于恒星世界结构的猜想。到了18世纪中叶，测定恒星视差的初步尝试表明，恒星确实是远方的太阳。这时，就有人开始研究恒星的空间分布和恒星系统的性质。

1750年，英国人赖特为了解释银河的形态，即恒星在银河方向的密集现象，就假设天上所有的天体共同组成一个扁平的系统，形状如磨盘，太阳是其中的一员。这就是最早提出的银河系概念。1755年，德国哲学家康德在《自然通史和天体论》一书中，发展了赖特的思想，明确提出"广大无边的宇宙"之中有"数量无限的世界和星系"，这就是宇宙岛假说的渊源。在赖特和康德前后，还有斯维登堡和朗伯特等人，都发表了同样的见解。可是，当时人们把河内星云（即银河星云）和河外星云（即星系）都当作星系，而且

宇宙岛

对银河系本身的大小和形状也没有正确的认识。因此，宇宙岛这个假说在170年间有时被承认，有时被否定，直到1924年前后，测定了仙女星系等的距离，确凿无疑地证明在银河系之外还有其他的与银河系相当的恒星系统，宇宙岛假说才得到证实。

宇宙岛这一名称，据哈勃考证，最初出现在德国博物学家洪保德的著作（《宇宙》第三卷，1850年）中，因为它形象地表达了星系在宇宙中的分布，后来就被广泛采用。另外还有"恒星宇宙"和"恒星岛"等名称，都是"宇宙岛"的同义语。

宇宙长城是什么?

所谓的宇宙长城并不是某个星系,而是一大群星系的集合。星系有成群出现的现象,这叫星系群,而星系群也有成群出现的现象,叫作超星系团。例如我们的银河系就属于本星系群,本星系群是本超星系团的成员之一。通过观测发现,宇宙中的大量星系都集中在一些特定的区域上,在这种极大的尺度结构上看去就像是长长的链条,所以叫宇宙长城,这可比星系的尺度要大得多。

星系团

2003年10月20日，以普林斯顿大学的天体物理学家J·理查德·格特为首的一组天文学家启动了一个名为斯隆（Sloan）数字天空观测计划的项目，利用新墨西哥州阿帕奇角天文台的大型望远镜，对1/4片天空中的100万个星系相对地球的方位和距离进行了测绘，然后把它们描绘在一张《宇宙地图》上面。目前，这份地图的草图已经发布了第三版。正是在这个第3版地图上面，天文学家惊讶地看到了这个被命名为"斯隆"的巨大无比的由星系组成的"长城"。这样一种条带状的星系长城并不是第一次发现，在1989年，天文学家格勒和赫伽瑞领导的一个小组，就从星系地图上面发现了一个显眼的由星系构成的条带状结构。这个结构长约7.6亿光年，宽达2亿光年，而厚度为1500万光年，隐然就是一条不规则的薄带子的样子。天文学家们形象地称呼它为"长城"，后来就被人称为"格勒—赫伽瑞长城"。

什么是星系？

广义上，星系指无数的恒星系（当然包括恒星的自体）、尘埃（如星云）组成的运行系统。参考我们的银河系，是指一个包含恒星、气体的星际物质、宇宙尘和暗物质，并且受到重力束缚的大质量系统。典型的星系，从只有数千万颗恒星的矮星系到上兆颗恒星的椭圆星系都有，全都环绕着质量中心运转。除了单独的恒星和稀薄的星际物质之外，大部分的星系都有数量庞大的多星系统、星团以及各种不同的星云。

　　星系是依据它们的形状分类的（通常指它们视觉上的形状）。最普通的是椭圆星系，有着椭圆形状的明亮外观；旋涡星系是圆盘的形状，加上弯曲尘埃的旋涡臂；形状不规则或异常的，通常都是受到邻近的其他星系影响的结果。邻近星系间的交互作用，也许会导致星系的合并，或是造成恒星大量的产生，成为所谓的星爆星系。缺乏有条理结构的小星系则会被称为不规则星系。

银河系是什么样子的？

　　银河系是一个中间厚、边缘薄的扁平盘状体。它的主要部分称为银盘，呈旋涡状。它的总质量约有太阳的10000亿倍，直径约为10万光年，中央厚约1万光年，边缘厚约3000～6000光年。太阳约处于与银河系中心距离约27700光年的位置。银盘外面是由稀疏的恒星和星际物质组成的球状体，称为银晕，直径约10万光年。

　　夏天，地球处于靠银河系中心的一边，我们晚上看到的是银河系中心方向的天空，因此，夏季星空的恒星特别多。冬天，地球转到靠银河系边缘的一边，晚上看到的是银河系边缘方向的天空，因此，冬夜星空的恒星就较少。天文学家估计，整个银河系中一共包含了大约2000亿颗恒星。

　　到目前为止，人们已在宇宙中观测到了约1000亿个星系。它们中有的离我们较近，可以清楚地观测到它们的结构；有的非常遥远，目前所知最远的星系离我们有将近150亿光年。

银河系旋臂有什么奥秘？

20世纪30年代，人们开始破解银河系旋涡状结构构之谜。银河系呈铁饼状，中心为银核，外层为银晕，整体呈旋涡状，因而，属于旋涡星系的一种。在旋涡星系内，由年轻亮星、亮星云和其他天体构成的从里向外旋转的"带子"，称作旋臂。

20世纪50年代，人们开始以电波观测银河系，发现它有4条旋臂，分别是矩尺、半人马–盾牌、人马与英仙等主要旋臂。太阳位在介于半人马与英仙臂间的次旋臂：猎户臂中。旋臂主要由星际物质构成。但最新的研究显示，根据NASA斯皮策空间望远镜所摄80万张影像，1.1亿颗恒星的最新测绘统计发现，银河系可能只有两条旋臂。人马臂和矩尺臂绝大部分是气体，只有少量恒星点缀其中。20世纪70年代，人们通过探测银河系一氧化碳分子的分布，又发现了第四条旋臂，它跨越狐狸座和天鹅座。1976年，两位法国天文学家绘制出这4条旋臂在银河系中的位置，这是迄今最好的银河系旋涡结构图。

通常的观点认为，银河系之所以会存在旋涡结构是由于银河系的自转。20世纪20年代，荷兰天文学家奥尔特证明，恒星围绕银河系中心旋转就像行星围绕太阳旋转一样，并且距银河系中心近的恒星运动得快，距银河系中心远的恒星运动得慢。他算出太阳绕银河系中心的公转速度为每秒220千米，绕银河系中心一周要花2.5亿年。

什么是河外星系？

河外星系分布在银河系以外，由大量恒星组成，但因为距离遥远，在外表上都表现为模糊光点，因而又被称为"河外星云"。一般的人在白天或夜晚肉眼所看到的天体，绝大多数都是银河系的成员，那么，是不是说银河系就是宇宙？当然不是！在宇宙中有着数以亿计的星系。所以，银河系并不代表宇宙，它只不过是宇宙海洋里的一个小岛，是无限宇宙中很小的一部分。根据天文学家估计，在银河系以外约有上千亿个河外星系，每个星系都是由数万乃至数

河外星系

千万颗恒星组成的。河外星系有的是两个结成一对，有的则是几百甚至几千个星系聚成一团。现在能够观测到的星系团已有10000多个，最远的星系团离银河系约70亿光年。银河系以外还有许许多多的天体。在天空中有一种天体，用小型望远镜看，它几乎和银河系的星云差不多，不能分辨。如果用大望远镜看，就会发现，它们不是弥漫的气体和尘埃，而是由可以分辨的一颗颗恒星组成的，形状也像一个旋涡。它们是与银河系类似的天体系统，但它们不在银河系的范围内，因此称它们为"河外星系"。河外星系与银河系一样，也是由大量的恒星、星团、星云和星际物质组成。人们估计河外星系有1000亿个以上。如1518～1520年葡萄牙人麦哲伦环球航行到南半球，在南天空肉眼发现了两个大河外星云（河外星系），命名为大麦哲伦星云和小麦哲伦星云，它们是距银河系最近的河外星系，而且和银河系有物理联系，组成一个三重星系。

 ## 离我们最近的河外星系是什么？

距我们最近的河外星系是大、小麦哲伦星系，它们环绕在银河系周围运转，是银河系的卫星系。

在南半球的夜空中，大麦哲伦星系是一个昏暗的天体，跨立在山案座和剑鱼座两个星座的边界之间。大麦哲伦星系距离我们约为约160000光年，直径大约是银河系的1/20，恒星数量约为1/10（大约是100亿颗恒星）。虽然比大多数星系为大，但在讨论银河系的时候也会被当作矮星系。大麦哲伦星系的形态类似不规则星

系，但似乎有一些螺旋结构的痕迹。有些推测认为大麦哲伦星系以前是棒旋星系，受到银河系的重力扰动才成为不规则星系，因此在中央仍保有短棒的结构。

小麦哲伦星系是一个环绕着银河系的矮星系，拥有数亿颗的恒星，是南天一大奇观。距离我们约20万光年距离的小麦哲伦星系是最靠近银河系的邻居之一，是裸眼能看见的最遥远天体之一。它位于杜鹃座，在夜空中看似模糊的光斑，大小约为3°，由于平均的赤纬是-73°，所以只能在南半球和北半球的低纬度地区看见。它看似银河系被分割的一个片段，由于表面光度很低，要在黑暗的环境下才能看得清楚。它与在东方20°的大麦哲伦星系成为一对，都是本星系群的成员。

 你知道哪些特殊星系？

特殊星系是指形态和结构不同于哈勃分类中正常星系的河外星系。这一类星系的特殊性质主要是因星系核的活动和主星系同伴星系之间的相互扰动造成的。目前所知的特殊星系可分为：类星体、塞佛特星系、N型星系、射电星系、马卡良星系、致密星系、蝎虎座BL型天体、有多重核的星系和有环的星系等等。这些星系的命名，有的是根据历史情况，有的是根据星系特性，有的是根据发现者的名字而来的。现在已知的上述各类星系之间有重叠、交错的情况。例如，马卡良星系中至少有10%可归入塞佛特星系，N型星系中有很多又属于射电星系。

在照片上，大多数特殊星系和暗一些的背景星系相比较，有一个很亮的致密核。有的特殊星系外围有伴星系（常形成扰动形态），有的有外环，有的旋臂残缺。在射电图上，在一些射电星系外区，可以观测到相距很远的射电双子源或射电包层。绝大多数特殊星系都有核心区爆发遗留下来的痕迹；或是从中心向两个相反方向射出光学喷射物；或是向四面八方发散纤维状的稀薄气体；或是星系中心分裂；或是出现尘埃暗条。此外，有的还有不规则的电离氢区分布。一般来说，正常的星系都发射射电波，但我们一般将那些具有强射电发射能力的星系称为射电星系。这类星系的射电功率比正常星系强10万倍，即达1037～1047尔格/秒，有些星系所产生的射电能量甚至超过了它们所产生的可见光能量。

射电星系的形态结构多种多样。最主要的几种形态结构是：致密型、核晕结构、延展的双瓣结构、复杂源结构及头尾结构，这些星系的形态结构均可从名字的字面理解。射电星系中大多数可归入椭圆星系一类，不规则星系很少，它们往往是星系团中最亮的成员星系。

另外，塞佛特星系因被美国天文学家塞佛特于1943年发现而得名。这类星系都有一个明亮的恒星状核，核的周围有朦胧的旋涡结构，核区是激烈活动区。塞佛特星系的光谱中有很强的发射线，这些发射线通常是在一般星系光谱中看不到的。有些塞佛特星系的可视光度以长达数月的周期发生着变化；某些塞佛特星系发射着巨大的红外辐射；有的还是强大的X射线源。尽管塞佛特星系的体积比一般星系要小得多，质量也小，但是它们以各种波长辐射的能量是大多数星系的100倍。塞佛特星系大都是旋涡星系，这类星系占旋涡星系的1%～2%。因此，许多天文学家认为，塞佛特星系实际上不是特殊星系，它们只是旋涡星系演化所经历的一个阶段。至于何种理论正确，目前尚难定论。

当然，宇宙中的星系是很多的，除了射电星系和赛佛特星系外，还有N型星系——马光良星系等。

星系会爆炸吗？

在宇宙中，有着千千万万个像银河系这样的星系，星系爆炸是宇宙中规模最大的爆炸。科学家曾从人造卫星自动记录下来的材料中，发现了宇宙空间中一个星系的一次大爆炸，爆炸只持续了十分之一秒，但释放出来的能量相当于太阳3000年释放的能量，这是有记录以来最强大的一次大爆炸。当科学家看到记录这次大爆炸的材料时，都惊讶得瞠目结舌，他们认为，这次爆炸释放能量的比率比太阳的能量释放率大1000亿倍，如果同样的爆炸发生在银河系附近，那将使地球周围的大气层变得灼热，如果太阳也喷出与这次爆炸同样的能量，地球就要立刻气化。由此产生的问题：如星系内部结构是什么样的，巨大的能量究竟从何而来，这些都吸引着人们去探索。

室女星座的M87星系是一个椭圆星系，它的核心大约在150万年前有过一次爆发，抛出了560万个太阳那么多的物质，放出来的能量

室女座大星系

巨大无比。它现在的气体喷射，就是那场大爆发过后的残余活动，好像是炸药爆炸后弥漫的硝烟一样。

还有一个名叫NGC5128的星系，它看上去被一条很宽的黑带子拦腰横穿过去分成了两个半圆块。这真是个奇怪的现象，有的天文学家猜想，可能是那个星系裂开成了两半。要真是这样，那就说明它的核心活动已经不只是向外面抛射物质，而是演变到这样剧烈的地步，把整个星系都炸分了家。

在银河系的历史上，它的核心也曾经发生过比较激烈的爆发。那是在1300万年前开始的，一直继续了大约100万年的时间，从核心不断地抛出了大量的物质。直到今天，还能观察到一些那次抛出来的气体云。它们正在向银河系外面飞去，速度是每秒钟100千

米左右。其中有一团气体云，现在正好朝着太阳飞过来。不过，你别担心它会撞上太阳。它飞得不快，飞了1300万年，还没有一半路程，离太阳还远着呢！

 你知道星系的环状装饰吗？

人类常用环状器物做装饰，有趣的是，星星也会用环状物装饰自己。不但土星、木星会这样，就是庞大的星系也会用环状物来装饰自己。天空中的确有这样一类星系，它们的中心呈恒星状，周围有一个光度均匀、结构对称的环。它们虽有着酷似行星状星云的美丽外表，实质上却是一个星系。用世界上最大的天文望远镜可以看见它清晰的倩影：核心呈红色，环则有些发蓝。这类特殊星系又叫"华格天体"。

两个星系偶然地撞到一起会产生意想不到的形状。"车轮星系"就是这样形成的。"车轮星系"是星系群的一分子，距离我们约5亿光年远，它位于玉夫座之中。它的边缘有一个环状的结构，这个环状结构非常大，直径大约有10万光年（相当于我们的银河系），环的上面有许多新诞生非常亮的大质量恒星。当星系发生碰撞时，它们只是互相穿过，星系里面的恒星也很少会撞在一起，但星系的重力场会因为碰撞而严重变形。事实上，这圆环的形状就是重力变形的结果。造成这样的原因是一个较小的星系穿过一个较大的星系，撞击后向外扩散挤压的星际气体及尘埃触发了一连串的恒星形成，这就像池塘表面的涟漪一样。这个大的星系原本可能是个和银河系差不多的螺旋星系，由于碰撞才变成车轮状。不过，另外那个较小的星系后来怎么了，我们还不清楚。

 **什么是类星体？**

类星体是类似恒星天体的简称，又称为似星体、魁霎或类星射电源。类星体是一种光度极高、距离我们极远的奇异天体。在分光观测中，它的谱线具有很大的红移，又不像恒星，因此称为类星体。它们的大小不到1光年，而光度却比直径约为10万光年的巨星系还大1000倍！璀璨的光芒使我们即使远在100亿光年之外也能观测到它们。类星体由体积很小、质量很大的核和核外的广延气晕构成。核心辐射出巨大的能量，激发气晕中气体，产生连续光谱上叠加的强且宽的发射线。多数天文学家相信，这种异常巨大的能量来源是由中心的超大质量黑洞吸积周围物质释放的引力能提供的。

2001年，美国宇航局(NASA)的科学家们发现了由18个类星体组成的类星体星系，这是迄今发现的规模最大的类星体星系，距离我们65亿光年。2003年，以色列特拉维夫大学和美国哈佛大学的科学家在1月23日出版的《自然》杂志上，宣布发现了类星体周围存在暗物质晕的证据。2006年，欧洲科学家称发现神秘罕见的"孤儿"类星体。2007年，科学家首次发现十分罕见的类星体三胞胎。2008年，科学家发现罕见的可以制造X射线的类星体。

类星体与脉冲星、宇宙微波背景辐射和星际分子一道并称为20世纪60年代天文学"四大发现"。

什么是星座？

星座是指天上一群群的恒星组合。在三维的宇宙中，这些恒星其实相互间没有实际的关系，不过其在天球这一个球壳面上的位置相近。自古以来，人对于恒星的排列和形状很感兴趣，并很自然地把一些位置相近的星联系起来，组成星座。

基本上，将恒星组成星座是一个随意的过程，在不同的文明中

星座

有由不同恒星所组成的不同星座。虽然部分由较显眼的星所组成的星座，在不同文明中大致相同，如猎户座及天蝎座，但星座一直没有统一规定的精确边界，直到1930年，国际天文学联合会用精确的边界把天空分为88个正式的星座，使天空每一颗恒星都属于某一特定星座。这些星座的划分大多都根据中世纪传下来的古希腊传统星座为基础。

 星星有颜色吗？

在晴朗的夜晚，我们看到的星星的颜色基本上都是差不多的，但是，事实真的是这样吗？答案当然是否定的。恒星的颜色是由它本身的温度所决定的。星星表面的温度不同，它发出光的颜色就不同。经过天文学家测定，红色星星的温度最低，大约是2600～3600℃；黄色星星的温度是5000～6000℃；白色星星的温度比较高，大约有7700～11500℃；蓝色星星的温度最高，达25000～40000℃。而太阳表面温度是6000℃，所以看上去是黄颜色的。因为我们距离星星非常遥远，加之大气的折射作用，所以用肉眼看不到星星五颜六色的光。如果用望远镜观察这些星星，就会看到它们有各种颜色，非常漂亮，令人赏心悦目。例如织女星是青白色的，而天蝎座的心宿二星则是红澄澄的颜色。

恒星表面温度是在不断变化的，星光的颜色也随着改变，这是由它的年龄决定的。星体年幼的时候，发光明亮，呈蓝色或红色，

当其慢慢长大，成为青年时会发出暖色的光，比如肉红或鲜红色，当星体步入老年的时候，由于衰老，星体冷却而变成红色。像织女星是个年轻力壮的星星，它的温度非常高，大约有10000℃。而天蝎座心宿二星是胖乎乎的红巨星，它表面温度只有3000℃。

星星是如何命名的？

西方星座起源于四大文明古国之一的古巴比伦。据说，现在所谓的黄道12星座等总共有20个以上的星座名称，在约5000年以前就已诞生。此后，古代巴比伦人继续将天空分为许多区域，提出新的星座。在公元前1000年前后，他们已提出30个星座。古希腊天文学家对巴比伦的星座进行了补充和发展，编制出了古希腊星座表。公元2世纪，古希腊天文学家托勒密综合了当时的天文成就，编制了48个星座，并用假想的线条将星座内的主要亮星连起来，把它们想象成动物或人物的形象，结合神话故事给它们起出适当的名字，这就是星座名称的由来。希腊神话故事中的48个星座大都居于北方天空和赤道南北。

我国在周代以前就已经在给天空的星星取名字了。人们把天空划分为星宿，后来演变为三垣二十八宿。我国汉代史学家司马迁所著的《史记》中，有一篇叫《天官书》，这是我国现存的一本最早的天文著作，里面就有记载。三垣都在北极星周围，其中恒星的名字有不少是古代的官名，如"上宰""少尉"等。二十八宿是在月亮和太阳所经过的天空部分，里面恒星的名字，有很多是根据宿名加上一个号数，如"角宿一"、"心宿二"、"毕宿五"……在苏州博物馆里，现在还存放着我国宋代的黄裳在1247年作的石刻星图，这是目前世界上古老的石刻图之一。

到了公元2世纪的时候，北天的星座划分已经大致同今天的一样了。但是南天的几十个星座，基本上是17世纪以后才逐渐定出来的，因为世界上文化繁荣较早的国家都在北半球，对于这些国家，南天的许多星座是终年看不见的。现在，天空中的星座共划分为88个，其中29个在天球赤道以北，46个在天球赤道以南，跨在天球赤道南北的有13个。天空中88个星座的名字，大约有一半是以动物为名的，如大熊座、狮子座、天蝎座、天鹅座等。1/4是以希腊神话中的人物名字命名的，如仙后座、仙女座、英仙座等。其余1/4是以用具命名的，如显微镜座、望远镜座、时钟座、绘架座等。虽然,古人划分星座的办法不科学，但很多星座的名称仍沿用到今天。我国古代划分的星座系统虽已不再使用，但一些古老的恒星名称仍然还保留着。

星星有等级之分吗？

星星是有等级之分的。为了衡量星星的明暗程度，天文学家创造出了"星等"这个概念。星等是衡量天体光度的量。它首先由古希腊天文学家喜帕恰斯提出。在不明确说明的情况下，星等一般指

目视星等。星等值越小，星星就越亮；星等的数值越大，它的光就越暗。我们将肉眼可见的星分为六等。肉眼刚能看到的定为六等星，比六等亮一些的为五等，依次类推，亮星为一等，更亮的为零等以至负的星等。天空中有一等星20颗，二等星46颗，三等星134颗，四等星458颗，五等星1476颗，六等星4840颗，共计6974颗。也就说，我们肉眼是可以看到的星有6000多颗。当然，同一时刻我们只能看到半个天球上的星星，即3000多颗。满月时，月亮的亮度相当于-12.6等(在天文学上写作-12.6m)；太阳是看到的最亮的天体，它的亮度可达-26.7等；而当今世界上最大的天文望远镜能看到暗至24等的天体。恒星的真正亮度还用光度表示。光度就是恒星每秒钟辐射的总能量。恒星的光度由它的温度和表面积决定。温度愈高，光度愈大；恒星的表面积愈大，光度也愈大。恒星的大小和温度是

织女星、牛郎星和天津四

决定恒星光度的两个重要物理量。恒星的光度与绝对星等之间存在着密切的关系。绝对星等相差1等，光度相差2.512倍。例如绝对星等1等星的光度是绝对星等2等星的光度的2.512倍，是绝对星等6等星的100倍。这和星等与视亮度之间的关系是类似的。

恒星之间的光度差别非常大。以太阳为标准来比较，织女星的绝对星等是0.5等，它的光度是太阳的50倍。超巨星"天津四"的绝对星等大约是-7.2等，其光度比太阳强50000多倍。还有一颗在星空中极不起眼的天蝎座，视星等只有3.8等，但它的绝对星等是-9.4等，它的光度几乎是太阳光度的50万倍。光度最强的恒星甚至有太阳的100万倍。天文学家把光度大的恒星叫作巨星，光度小的称为矮星，光度比巨星更强的叫超巨星。从表面积愈大光度也愈大的规律可以知道，光度大的巨星体积也大，光度小的矮星体积也小。太阳是一颗黄色的矮星，相比之下光度比较弱，但还有比它更弱的矮星。

 ## 你知道星星也有伙伴吗？

我们每个人都有知己伙伴。有意思的是，天上的星星也喜欢成双成对，甚至三五成群。联星是由两颗绕着共同的重心旋转的恒星组成。对于其中一颗来说，另一颗就是其"伴星"。相对于其他恒星来说，它们的位置看起来非常靠近。联星有多种，一颗恒星围绕另外一颗恒星运动，或者两者互相围绕，并且互相间有引力作用，也称为物理双星。两颗恒星看起来靠得很近，但是实际

距离却非常远，这称为光学双星。一般所说的双星，没有特别指明的话，都是指光学双星。根据观测方式不同，通过天文望远镜可以观测到的双星称为目视双星，只有通过分析光谱变化才能辨别的双星称为分光双星。

此外，还有一颗恒星围绕另一颗恒星运动，第三颗恒星又绕它们运动，这称为三合星。依此类推，还有四合星等等，这些都称为聚星。近年来，天文学家们发现，大部分已知恒星都存在于联星甚至多星系统中。联星对于天体物理尤其重要，因为两颗星的质量可以通过观测旋转轨道确定。这样，很多独立星体的质量也可以推算出来。著名的联星系统包括天狼星（大犬座的一颗双星）、南河三、大棱五以及天鹅座X-1（其中一个成员很可能是一个黑洞）。

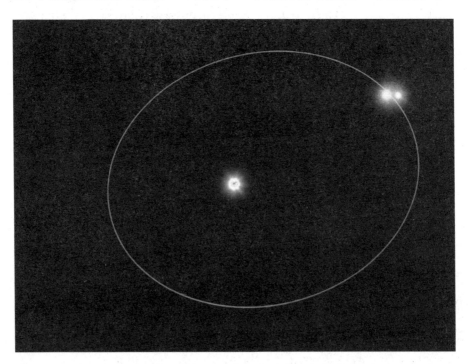

画家笔下的三合星

你认识"十字"星吗？

十字星有北十字星和南十字星。北十字星就是天鹅座。天鹅座(Cygnus)座内目视星等亮于六等的星有191颗，其中亮于四等的星有22颗之多，是夏季星座里除了天蝎座，最容易一目了然的星座。只要沿着6～9月出现的带状银河就可找到，大约是由9颗星星，排列成一个巨大十字形，好像一只展开翅膀飞翔的天鹅。它恰好和南方十字星相对，俗称为北十字星座，而日本人则称之为白鸟座。它整个位于银河带的中间，在偏东北边尾巴可见一颗明亮的白色恒星，那就是天鹅座的主星——天津四。它是全天第19亮的恒星，距离我们1800光年，亮度超过太阳的60000倍，是巨大的超巨星。在它的东边有一个形状很像北美洲大陆的星云，俗称北美星云。在天鹅座的喙部，有一个著名的双星，透过小望远镜就能看见这对色彩美丽的双星。另外，在天鹅座的长脖子的中央有一颗编号HDE226868的蓝色巨星，在它的旁边有一天体名为CygnusX-1，这就是第一颗被发现的疑似黑洞。

南十字星也许你从来没看见过，这颗星星只能在南半球看到。它的位置是在正南方，而且很好辨认，北方的水手依靠北斗星及北极星来判断正北方向，而跑到南半球，就需要依靠南十字星来判断正南方向。像钻石一样明亮、耀眼的南十字星，传说只要向它许愿，就可以美梦成真。

南十字星座，位于半人马座和苍蝇座之间，是全天88个星座中最小的一个。在北回归线以南的地方皆可看到整个星座。星座内的主要亮星有：十字架一（γ）、十字架二（α）、十字架三（β）及十字架四（δ）。它们在一起组成十字形。因为南天极附近没有亮星，十字架一及十字架二就被利用来指示方向——只把它们之间的距离伸延大约4.5倍就是南天极。所以，这个十字星在南半球就像北斗星在北半一样都非常重要。另外，半人马座南门二及马腹一连线的垂直平分线与上述那一条伸延线的交点也会是南天极。南十字星座旁边有两颗很亮的星，它们是半人马座中的alpha星和beta星，是南十字星座的箭嘴（ThePointer），找到它们便能指出南十字星座了。

你知道北斗七星吗？

北斗七星属大熊星座的一部分，从图形上看，北斗七星位于大熊的背部和尾巴。分别是大熊座的α、β、γ、δ、ε、ζ和η，中国名称分别叫天枢(北斗一)、天璇(北斗二)、天玑(北斗三)、天权(北斗四)、玉衡(北斗五)、开阳(北斗六)和摇光(北斗七)。北斗七星中的前4颗星，即天枢、天璇、天玑、天权组成斗形，故名都魁，或名魁星，又叫旋玑。玉衡、开阳、摇光3颗星组成斗柄，又称玉衡。北斗七星中，除天权是三等星以外，其余6颗都是二等星，杓柄中央的星名叫"开阳"，相距11分处有一颗四等伴星，名"辅"，开阳星和辅星组成视双星，肉眼即能识辨。开阳本身也是一颗双星。通过

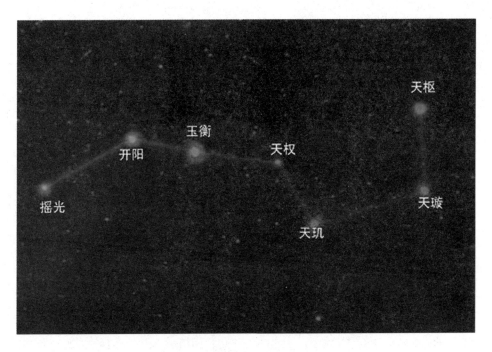

北斗七星

斗口的两颗星连线，朝斗口方向延长约5倍远，就找到了北极星。由于北斗七星都比较明亮，所以常用来作为指示方向的重要标志。认星歌有："认星先从北斗来，由北往西再展开。"初学认星者可以从北斗七星依次来找其他星座了。

北斗七星组成的图形永远不变吗？它永远是找北极星的"工具"吗？当然不是这样。宇宙间一切物体都在运动和变化之中，恒星也不例外。既然恒星也在运动，那么北斗七星组成的图形当然也在变化。

这7颗星离我们的距离不等，有70～130光年之远。北斗七星始终在天空中做缓慢的相对运动。其中5颗星以大致相同的速度朝着一个方向运动，而"天枢"和"摇光"则朝着相反的方向运动。

因此，在漫长的宇宙变迁中，北斗星的形状会发生较大的变化，10万年后，人们就看不到这种柄勺形状了。天文学家们已经算出，10万年前看到的北斗七星组成的图形和10万年后将要看到的图形，都和今日的大不一样。

你知道黄道十二宫吗？

黄道十二宫一词来自希腊语zodiakos，意思是动物园。在希腊人眼里，星座是由各种不同的动物形成，这也就是12个星座名称的由来。在天文学上，以太阳为中心，地球环绕太阳所经过的轨迹称为"黄道"。黄道宽16°，太阳在黄道上自西向东运行，环绕地球一周为360°，每年环"天"一周。黄道面包括了除冥王星以外所有行星运转的轨道，在黄道两边的一条带上分布着12个星座，它们是牧羊座、金牛座、双子座、巨蟹座、狮子座、室女座、天秤座、天蝎座、人马座、摩羯座、宝瓶座和双鱼座。

古巴比伦人对这些星座进行了长期观测，通过观测定出了黄道，又把黄道分成12等份，每等份30度，称为1段。太阳在12个月内绕黄道运行1周，因此，它在黄道上每月运行1段。在古人看来，太阳是阿波罗神，它休息的地方定然是金碧辉煌的宫殿，因此，他们就把黄道上的1段叫作1宫。这样，黄道上的12段便成了"黄道十二宫"。

你认识牧羊座吗？

　　牧羊座是黄道十二星座之一，位于双鱼座和金牛座之间。牧羊座也被称为"白羊座"，面积441.39平方度，占全天面积的1.07%，在全天88个星座中，面积排行第39。白羊座中亮于5.5等的恒星有28颗，其中二星1颗，三等星1颗。每年10月30日子夜，白羊座的中心经过上中天。白羊座虽然不引人注目，但在古希腊却很著名，因为古代春分点就位于白羊座。现在由于岁差的关系，春分点已经移到双鱼座。

白羊座

在希腊神话里，牧羊座指的是一只有神奇能力的金羊，它帮助一对苦难的兄妹脱离险境。古希腊波底亚国王阿塔马斯娶了云中仙子尼菲尔做王后，生了一对双胞胎，哥哥是普里克思，妹妹是赫雷。然而，阿塔马斯始乱终弃，将尼菲尔王妃赶出宫，再娶底比斯的公主伊娜为妃。伊娜虐待前妻的子女，视他们为眼中钉。当伊娜王妃有了自己的孩子后，便决定要杀死尼菲尔王妃所留下的双胞胎。她收买占卜师向国王告状：若不将前王妃所生的孩子送给宙斯当祭品，众神将大怒，则今年将闹饥荒。尼菲尔于是向奥林匹克天神中的汉密斯求得一头全身金毛，长着双翅的羊，叫自己的儿女骑上金毛飞羊逃生。途中，女儿赫雷不慎落海，只有普里克思逃到科尔奇斯国，受到国王欢迎，并娶了公主。普里克思感念神恩，把金羊宰了献给宙斯，于是金羊得列于众星之中，普里克思还把金羊毛送给科尔奇斯国王，国王将之挂在战神马斯的圣园，由昼夜不眠的巨龙看守。后来，伊阿宋为了夺走这金羊的羊毛，还进行了一场精彩的冒险之旅。

你认识狮子座吗？

狮子座是黄道带星座之一，面积946.96平方度，占全天面积的2.296%，在全天88个星座中，面积排行第十二位。狮子座中亮于5.5等的恒星有52颗，最亮星为轩辕十四（狮子座α），视星等为1.35。狮子座位于室女座与巨蟹座之间，北面是大熊座和小狮座，南边是长蛇座、六分仪座和巨爵座，西面是后发座。狮子座是一个明亮的星座，在春季星空中很容易辨认。每年3月1日子夜，狮子座中心经过上中天，最佳观测月份为4月。其中，轩辕十四（狮子座α）、轩辕十三（狮子座η）、轩辕十二（狮子座γ）、轩辕十一（狮子座ζ）、轩辕十（狮子座μ）及轩辕九（狮子座ε）由南向北组成了"镰刀"（或反写的问号）结构,它们代表了狮子的头、颈及鬃毛部分。五帝座一（狮子座β）与牧夫座的大角星及室女座的角宿一组成一个等边三角形，称为"春季大三角"。这3颗恒星和猎犬座的常陈一又组成春季大钻石。以前代表狮子尾毛的一组星群现在已经成为独立的星座——后发座。狮子座位于后发座的银河系北极

狮子座

方向附近，所以可以看到大量的河外星系，最著名的就是狮子座三重星系和M96星系团。在托勒密列出的48星座中，狮子座包括了现在的狮子座和后发座天区。在古代，后发座天区被联想成狮子尾巴上的毛。1602年，丹麦天文学家第谷在他的星表中最先将狮子座和后发座分开。

狮子座象征着面对挑战者，直来直往单打独斗的王者风范，相传，狮子座的由来也是赫拉克勒斯的工作成果。赫拉克勒斯是宙斯与凡人的私生子，他天生具有无比的神力，天后赫拉也因此妒火中烧。在赫拉克勒斯还是婴儿的时候，赫拉就放了两条巨蛇在摇篮里，希望咬死赫拉克勒斯，没想到，赫拉克勒斯笑嘻嘻地捏死了它们，从此，赫拉克勒斯就被奉为"人类最伟大的英雄"。

赫拉当然不会因为一次失败就放弃杀死赫拉克勒斯，她故意让赫拉克勒斯发疯后打自己的妻子。赫拉克勒斯醒了以后十分懊悔伤心，决定要以苦行来洗清自己的罪孽，他来到麦西尼请求国王派给他任务。国王受赫拉的指使，赐给他12项难如登天的任务，并要他必须在12天内完成。第一项任务就是去制服在希腊尼米安谷地的食人狮。这是一头刀枪不入、铜筋铁骨、力大无比的大雄狮，怒吼起来如狂风暴雨，专吃家畜和村人，人人畏惧。以前曾有人来制服，但未见生还者。这头狮子平时住在森林里，赫拉克勒斯进入尼米安谷的森林中找寻它。森林中一片寂静，所有的动物都被狮子吃得干干净净。赫拉克勒斯迷路了好多天，找累了就打起瞌睡来。就在此刻，巨狮从一个有双重洞口的山洞中昂首而出。赫拉克勒斯睁眼一看，天啊，食人狮有一般狮子的5倍大，又因身上沾满了动物的鲜血，更增添了几分恐怖。赫拉克勒斯欲射箭攻击，但因狮皮太硬而无效。他又用剑砍，可剑也弯掉了。最后，他用橄榄树制成粗棍，用力往狮头打去。此时，不怕弓箭的狮子也畏惧发怒的赫拉克勒斯。最后被赫拉克勒斯用蛮力勒死了。最后，宙斯(也有说是赫拉)为纪念他与赫拉克勒斯奋力而战的勇气，将食人狮丢到空中，变成了狮子座。

古埃及也崇拜狮子座，有人说人面狮身像就是用了狮子的身体。现在普遍认同的说法是，在4000多年前的古埃及，每年仲夏节太阳移到狮子座天区时，尼罗河的河谷就有大量从沙漠来的狮子到此乘凉喝水，狮子座因此得名。

 ## 你认识天蝎座吗?

天蝎座是黄道十二星座中最显著的星座，位于天秤座和人马座之间，中心位置在赤经16时40分，赤纬-36°，夏季出现在南方天空，蝎尾指向东南，在蛇头、人马、天秤等星座之间。α星（心宿二）是红色的一等星。疏散星团M6和M7肉眼均可见，座内有亮于四等的星22颗。天蝎宫是黄道第8宫。黄经从210～240°。每年10月23日前后太阳到这一宫。那时的节气是霜降。据新科学书谱《出生时间与命运》论述，天蝎座的时间范围是每年的霜降到小雪，而每一年的节气日期都是不同的，所以不能把天蝎座固定在某一个日期，而是应该查出当年具体的节气时间，可以精确到小时和分钟。夏天晚上八九点钟的时候，南方离地平线不很高的地方有一颗亮

天蝎座

星，这就是天蝎座α星（心宿二）。天蝎座是夏天最显眼的星座，它里面亮星云集，光是亮于4等的星就有20多颗。天蝎座又大，亮星又多，简直可以说是夏夜星座的代表，再加上它也是黄道星座，所以格外引人注目。不过，天蝎座只在黄道上占据了短短7°的范围，是12个星座中黄道经过最短的一个。

关于天蝎座，有这样一个神话故事。希腊神话里，海神波塞冬与亚马孙女王欧里亚蕾的儿子猎人奥瑞恩是位有名的斗士，他不仅是美少年，又是有强健体魄的美男子。

然而，他却脾气暴戾，而且骄傲自大，常常任性地闯祸。他常吹嘘自己是天下第一、武功盖世，最终引起天神不满，天后赫拉于是派出得意大将杀手大毒蝎刺杀猎户奥瑞恩。天蝎悄悄溜到毫不知情的奥瑞恩身边，以其毒针向其后脚跟刺去，奥瑞恩根本来不及有所反应，就已气绝身亡。另一类似说法是，奥瑞恩因追求月亮及狩猎女神阿尔忒密斯，因此触怒了赫拉，于是赫拉就派毒蝎咬死了奥瑞恩。

后来，天蝎施放毒气攻击正驾着太阳神马车经过的菲顿，而使宙斯有机会发射雷电，将奔跑中的太阳车击毁。因为有此功勋，天蝎得到宙斯的嘉奖，于是天上就有了天蝎座。即使现在，只要天蝎座从东方升起，奥立安座（猎户座）就赶紧向西方地平线隐藏沉没，这两个冬夏大星座在天空中永无相见之日。

你认识人马座吗？

人马座又叫射手座，是黄道十二星座之一，中心位置在赤经19时，赤纬-28°，面积约867平方度。人马座在蛇夫座之东，摩羯座之西，位于银河最亮部分。银河系中心就在人马座方向。人马座座内目视星等亮于六等的星有152颗，其中亮于四等的星有20颗。ζ、τ、σ、φ、λ和μ6星（中名斗宿）构成近似北斗七星的形状，中国称其为南斗。人马座座内星云星团甚多，弥漫星云M8肉眼可见，梅西叶星云星团表中的104个星云星团有15个在人马座。在遥远古希腊的大草原中，驰骋着一批半人半兽的族群，这是一个生性凶猛的族群。"半人半兽"代表着理性与非理性、人性与兽性间的矛盾挣扎，这就是"人马族"。人马族里

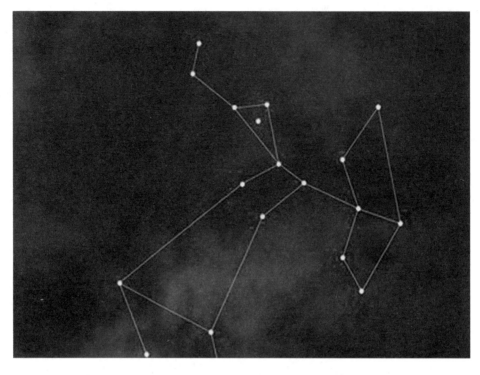

射手座

唯独的一个例外——喀戎虽也是人马族的一员，但生性善良，对待朋友尤以坦率著称，是著名的先知、医生和学者，所以喀戎在族里十分受人尊敬。许多英雄如伊阿宋、阿基里斯、埃涅阿斯、赫拉克勒斯、神医依斯寇拉比斯（蛇夫座）、天琴手欧非斯、双子卡托斯和普勒克斯都是他的门生。有一天，希腊最伟大的英雄——赫拉克勒斯来拜访他的朋友。这位幼年即用双手扼死巨蛇的超级大力士，一听说人马族也是一个擅长酿酒的民族，想到香醇的佳酿，也不管这酒是人马族的共有财产，便强迫他的朋友偷来给他享用。所有人都知道，赫拉克勒斯是世间最强壮的人，连太阳神阿波罗都得让他三分，迫于无奈只能照办。正当赫拉克勒斯沉醉在酒的芬芳甘醇之际，酒的香气早已弥漫了整个部落，所有人马族人都厉声斥责赫拉克勒斯。赫拉克勒斯怒气冲天，拿着他的神弓奋力追杀人马族人。人们仓皇地向最受人尊敬的族人——喀戎那里逃去。喀戎在家中听见了屋外万蹄奔踏及惊慌的求救声，他连想都没想，开门直奔出去。就在这时，赫拉克勒斯拉满弓瞬间射出去，竟然射中了喀戎的心脏。善良无辜的喀戎为朋友牺牲了自己的生命。天神宙斯听见了人马族人的嘶喊，于是他双手托起喀戎的尸体，往天空一掷，喀戎瞬间幻化成数颗闪耀的星星，形体就如人马族。此后，为了纪念喀戎，这个星座就被称为"人马座"，也叫作"射手座"。

 ## 天空中最长的星座叫什么？

　　长蛇座是天球上面积最大，也是东西方向上最长的星座。这是一个春季夜晚出现的星座。它位于黄道以南，蜿蜒于巨蟹座、六分仪座、巨爵座、乌鸦座和室女座南面，小犬座与天秤座之间。在巨蟹座以南和狮子座轩辕十四的右下方，有5颗三四等星排成一个小圆圈，这是长蛇座的蛇头。在轩辕十四的西南边有一孤独的红色二等星，因为在它附近没有其他亮星，所以常称为"孤儿"，这是长蛇座的心脏。星座中其他的暗星，则弯弯曲曲排成一长列。在长蛇座的"背上"，巨爵座和它很巧妙地连接在一起，好像故意将一个大钵放在长蛇身上似的。在长蛇座向东伸展的尾巴上有一只乌鸦（乌鸦座），正在不断地用嘴啄着它。值得一提的是，长蛇座虽然

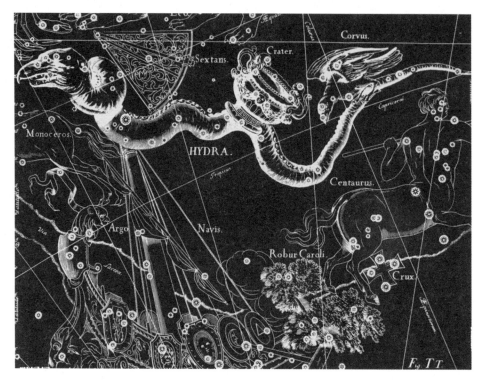

长蛇座

其长无比，却无一颗耀眼的星。只有一颗放射红光的二等亮星星宿一（即长蛇α座），长蛇座的心脏就是星宿一。由于星宿一四周没有其他亮星，孤零零地一星独处，因此，阿拉伯人又形象地称之为"孤独者"。

世界各地均可看到长蛇座的一部分，但由于它星座中四等和五等星居多，使它长长的身躯难以辨认。最明显的特征是它蛇头的六星集团，位于南河以东15°。对于地处北方高纬度的观察者来说，长蛇座低垂在地平线上，需要理想的观察条件。

在古代希腊的神话故事中，长蛇座是水蛇精许德拉的化身。传说，许德拉是一条凶猛可怕、长有9个毒蛇头的大水蛇。这个怪物能从9张口中吐出毒气，并以野兽和人为食。为了消灭它，大英雄赫拉克勒斯同他的朋友伊奥拉奥斯来到许德拉住的地方。赫拉克勒斯抢起大棒，把许德拉的9个头一个个敲碎，但是敲碎1个蛇头后又立即长出1个新头来。后来，赫拉克勒斯想个办法，让伊奥拉奥斯用燃烧着的树枝烧死刚长出的新蛇头，最后终于将蛇怪杀死，并把蛇怪的尸体埋到地下，又在上面压了块巨石，水蛇怪许德拉被消灭了。天神宙斯为了褒奖赫拉克勒斯的这个功绩，将被他征服的水蛇怪升到天上，成为长蛇座。

什么叫新星？

有时候，遥望星空，你可能会惊奇地发现，在某一星区，出现了一颗从来没有见过的明亮星星！然而，仅仅过了几个月甚至几天，它又渐渐消失了。这种"奇特"的星星叫作新星或者超新星，在古代又被称为"客星"，意思是这是一颗"前来做客"的恒星。

新星和超新星是变星中的一个类别。人们看见它们突然出现，曾经一度以为它们是刚刚诞生的恒星，其实正相反，它们是正走向衰亡的老年恒星。也就是正在爆发的红巨星。我们曾经不止一次提到，当一颗恒星步入老年，它的中心会向内收缩，而外壳却朝外膨胀，形成一颗红巨星。红巨星是很不稳定的，总有一天它会猛烈地爆发，抛掉身上的外壳，露出藏在中心的白矮星或中子星来。在大爆炸中，恒星将抛射掉自己大部分的质量，同时释放出巨大的能

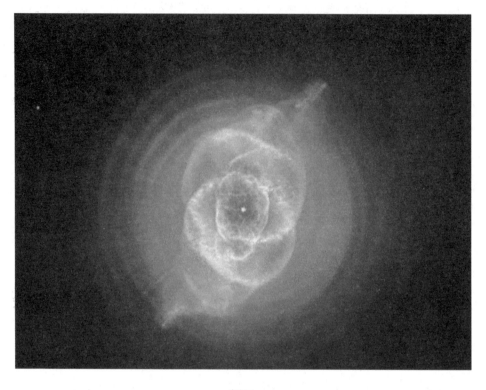

新星

量。这样，在短短几天内，它的光度有可能会增加几十万倍，这样的星叫"新星"。如果恒星的爆发再猛烈些，它的光度增加甚至能超过1000万倍，这样的恒星叫作"超新星"。

超新星爆发的激烈程度是让人难以置信的。据说，它在几天内倾泻的能量，就像一颗青年恒星在几亿年里所辐射的那样多，以致它看上去就像一整个星系那样明亮！

新星或者超新星的爆发是天体演化的重要环节。它是老年恒星辉煌的葬礼，同时又是新生恒星的推动者。超新星的爆发可能会引发附近星云中无数颗恒星的诞生。另一方面，新星和超新星爆发的灰烬，也是形成别的天体的重要材料。比如说，今天我们地球上的许多物质元素就来自那些早已消失的恒星。新星是激变变星的一类，是由吸积在白矮星表面的氢造成剧烈的核子爆炸的现象。这类星通常都很暗，难以被发现，爆发时突然增亮，被认为是新产生的恒星，因此而得名。新星按光度下降速度分为快新星（NA）、中速新星（NAB）、慢新星（NB）和甚慢新星（NC），爆发时亮度会增加几万、几十万甚至几百万倍，持续几星期或几年。但它不能和超新星或其他恒星的爆炸混淆，包括加州理工学院在2007年5月首度发现的发光红新星。

目前，在银河系中已发现超过200颗新星。

 ## 宇宙中真的有织女星吗？

杜甫在《秋夕》中写道："秋阶夜色凉如水，坐看牵牛织女星。"这是诗人一种感情的表达。那么，在遥远的太空真的有织女星吗？答案是肯定的。织女星又称为天琴座α星，是天琴座中最明亮的恒星，在夜空中排名第五，是北半球第二明亮的恒星，仅次于大角星。它与大角星及天狼星一样，是非常靠近地球的恒星，距离地球只有25.3光年；它也是太阳附近最明亮的恒星之一。在西方，织女星被称为Vega，意为夏夜的女王。

天文学家对织女星做了大量的研究，因此它被认为"无疑是天空中第二重要的恒星，仅次于太阳"。织女星的直径是太阳直径的2.26（半短轴）2.78（半长轴）倍，体积为太阳的33倍，质量为

太阳的2.1倍，表面温度为8900度，呈青白色。织女星大约在西元前12000年曾是北半球的极星，并且在西元13727年会再度成为北极星，届时它的赤纬会达到+86° 14'。织女星曾经是北极星，由于地轴的进动，现在的北极星是小熊座α星。然而，再过1.2万年以后，织女星又将回到北极星的显赫位置上。在织女星的旁边，有4颗星星构成一个小菱形。传说这个小菱形是织女织布用的梭子，织女一边织布，一边抬头深情地望着银河东岸的牛郎（河鼓二）和她的两个儿子（河鼓一和河鼓三）。现代天文观测表明，整个太阳系正以每秒19千米的速度向着织女星附近的方向奔去。而织女星则以每秒19千米速度向一个黑洞绕行。织女星是除太阳之外第一颗被人类拍摄下来的恒星，也是第一颗有光谱记录的恒星，第一批经由视差测量估计出距离的恒星之一。织女星也曾是测量光度亮度标尺的校准基线，是UBV测光系统用来定义平均值的恒星之一。在北半球的夏天，观测者多半可在天顶附近的位置见到织女星，且视星等接近零等，因此，仍有一些专业与业余的天文学家会以织女星作为光度测定的标准。织女星的年龄只有太阳的十分之一，但是因为它的质量是太阳的2.1倍，因此它的预期寿命也只有太阳的十分之一。这两颗恒星目前都在接近寿命的中点上。

天文学家观测到织女星红外线辐射超量，显示织女星似乎有尘埃组成的拱星盘。这些尘粒可能类似于太阳系的古柏带，是岩屑盘中的天体碰撞产生的结果。这些由于尘埃盘造成红外线辐射超量的恒星被归类为类织女恒星。织女星盘的分布并不规则，也显示至少有一颗大小类似木星的行星环绕着织女星公转。

英国皇家天文台天文学家日前宣称，他们已经发现重要证据，证明在织女星的轨道上可能环绕着一颗与地球相似的"第二地球"。英国科学家宣称，织女星系很可能是到目前为止人类所发现的最类似太阳系的恒星系统！织女星系至少存在一颗"地球"。在过去的数年中，天文学家们已经找到了100多颗太阳系外行星，但它们几乎全都是由炽热的气体组成的，而不是由岩石和矿物组成的类地行星。然而，英国皇家天文台的研究人员日前发现，织女星系的现象却显然与众不同，英国天文学家相信，在织女星系中不仅至少存在一颗气体行星，在那儿也至少存在着另一颗小得多的、由岩石组成的类地球行星！

 ## 银河那边真的有牛郎星吗？

晴朗的夏天晚上，你可以看到银河"挂"在天上。银河右上方的星是织女星，中间下面的星是牛郎星，也就是牵牛星。

牛郎织女隔着银河相望，这就是中国古代流传的一个故事。在中国古代的传说里面，每到农历的七月初七的晚上，银河就消失了。好多鸟雀含着羽毛搭起天桥，让牛郎织女会面。其实，这都是传说，但那天银河倒是真看不清楚了。因为七月初七月亮是上弦月，是半个月亮，正好在银河附近出现，它的光辉就遮住了银河。那么，他们俩到底能不能见面呢？织女星离我们26光年，牛郎星离我们16光年，他们之间的距离也有10光年，打个电话来回都要32年，怎么见面？牛郎星即河鼓二是天鹰座α星，又叫"牵牛星"或"大将军"，在日文中称作"彦星"。它是排名全天第12的明亮恒星，距地球16.7光年，它的直径为太阳直径的1.6倍，表面温度在7000℃左右，呈银白色，自转一周为7小时。它呈扁圆形，其赤道半

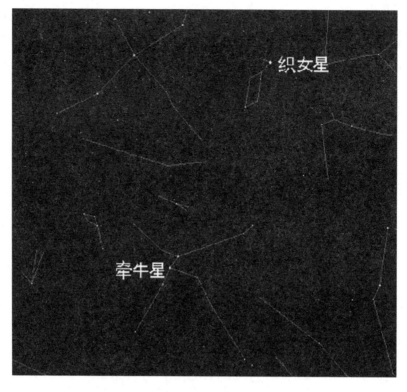

牵牛星

径为极半径的1.5倍，发光本领比太阳大8倍，目视星等为0.77等。在星空观测中，牵牛星是夏季大三角中的一角。它和天鹰座β、γ星的连线正指向织女星，它与织女星隔银河相对，位于银河南。西方人称牵牛星为Altair，是阿拉伯语的"飞翔的大鹫"的缩写。它的位置在赤经19时48.3分，赤纬8°44′。牛郎星两侧的两颗较暗的星为牛郎的两个儿子——河鼓一、河鼓三。传说，牛郎用扁担挑着两个儿子在追赶织女呢。牛郎星与织女星及天鹅座的天津四，组成著名的"夏季大三角"。如果把它看作是一个直角三角形，那织女星便是构成直角的星星。

你知道发射星云吗？

发射星云是由星际气体组成的发光的云。发射星云是受到附近炽热光量的恒星激发而发光的，这些恒星所发出的紫外线会电离星云内的氢气令它们发光。发射星云能辐射出各种不同色光的游离气体云(也就是所谓的等离子)。造成游离的原因通常是来自邻近恒星辐射出来的高能量光子。这些不同的发射星云有些类型是氢Ⅱ区，也就是年轻恒星诞生的场所，大质量恒星的光子是造成游离的来源，而行星状星云是垂死的恒星抛出来的外壳被暴露的高热核心加热而被游离的。

发射星云的颜色取决于其化学组成和被游离的量，由于在星际间的气体绝大部分都是只要较低能量就能游离的氢，所以许多发射星云都是红色的。如果有更高的能量能造成其他元素的游离，那么绿色和蓝色的云气都有可能出现。经由对星云光谱的研究，天文学家可以推断星云的化学元素。大部分的发射星云都有90%的氢，其余的部分则是氦、氧、氮和其他的元素。

在北半球，最著名的发射星云是在天鹅座的北美洲星云和网状星云。在南半球最好看的是在人马座的礁湖星云和猎户座的猎户星云。在南半球更南边的则是明亮的卡利纳星云。发射星云经常会有黑斑出现，这是云气中的尘埃阻挡了光线造成的。发射星云和尘埃

的组合经常会造成一些看起来很有趣的天体，而许多这一类的天体都会有传神或有比喻的名称，例如北美洲星云和锥星云。

你知道反射星云吗？

反射星云只是由尘埃组成，单纯地反射附近恒星或星团光线的云气。反射星云是靠反射附近恒星的光线而发光的，呈蓝色。这些邻近的恒星没有足够的热让云气像发射星云那样因被电离而发光，但有足够的亮度可以让尘粒因散射光线而被看见。因此，反射星云显示出的频率光谱与照亮他的恒星相似。有些星云是由反射星云和发射星云结合在一起的，例如三裂星云。

你知道暗星云吗？

暗星云也称暗物质，是一种宇宙中看不见的物质星云。如果气体尘埃星云附近没有亮星，则星云将是黑暗的，即为暗星云。暗星云由于它既不发光，也没有光供它反射，但是它能吸收和散射来自它后面的光线，因此，可以在恒星密集的银河中以及明亮的弥漫星云的衬托下被发现。

暗星云的密度足以遮蔽来自背景的发射星云或反射星云的光

（比如马头星云），或是遮蔽背景的恒星。天文学上的消光通常来自大的分子云内温度最低、密度最高部分的星际尘埃颗粒。大而复杂的暗星云聚合体经常与巨大的分子云联结在一起，小且孤独的暗星云被称为包克球。

这些暗星云的形成通常是无规则可循的。它们没有被明确定义的外形和边界，有时会形成复杂的蜒蜒形状。巨大的暗星云肉眼就能看见，在明亮的银河中呈现出黑暗的补丁。暗星云的内部是发生重要事件的场所，比如恒星的形成。

 你认识蟹状星云吗？

蟹状星云位于金牛座东北面，距地球约6500光年，亮度是8.5星等，肉眼看不见。它是个超新星残骸，源于一次超新星爆炸。它的气体总质量约为太阳的十分之一，直径6光年，现正以每秒1000千米的速度膨胀。蟹状星云中心有一颗直径约10千米的脉冲星。这颗超新星爆发后剩下的中子星是在1969年被发现的。其自转周期为33毫秒（即每秒自转30次）。

对蟹状星云最早的记录出自1731年英国的一个天文爱好者。1892年，美国天文学家拍下了蟹状星云的第一张照片。30年后，天文学家在对比蟹状星云以往的照片时，发现它在不断扩张，速度高达1100千米/秒，于是人们便对蟹状星云的起源发生了兴趣。由于蟹状星云扩张的速度非常快，于是天文学家便根据这一速度

蟹状星云

反过来推算它形成的时间，结果得出一个结论：在900多年前，蟹状星云很可能只有一颗恒星的大小。因此，1928年美国天文学家哈勃首次把它与超新星拉上了关系，认为蟹状星云是公元1054年超新星爆发后留下的遗迹。蟹状星云还是强红外源、紫外源、X射线源和γ射线源。它的总辐射光度的量级比太阳强几万倍。1968年发现该星云中的射电脉冲星，它的脉冲周期是0.0331秒，在1982年毫秒脉冲星被发现前，它保持了已知脉冲星中周期最短的纪录。目前已公认，脉冲星是快速自旋的中子星，有极强的磁性，是超新星爆发时形成的坍缩致密星。蟹状星云脉冲星的质量约为一个太阳质量，其发光气体的质量也约达一个太阳质量，可见该星云爆发前是质量比太阳大若干倍的大天体。

绚丽多彩的蟹状星云引起了天文学家们的浓厚兴趣。位于其中心部位的脉冲射电源有可能是迄今为止人类发现的首个具有4个磁极的天体构造。通常情况下，宇宙中的脉冲射电源都只拥有一对磁极——北极和南极。但美国新墨西哥理工学院的提姆·汉金斯和吉恩·埃雷克等人却发现，传统的双磁极理论根本无法解释蟹状星云中脉冲射电源的活动情况。汉金斯表示，由于存在着多个磁极相互作用的现象，蟹状星云中射电源的磁场受到了明显的扭曲。

 ## 你知道什么是弥漫星云吗？

弥漫星云正如它的名称一样，没有明显的边界，常常呈现为不规则的形状，犹如天空中的云彩，但是一般都得使用望远镜才能观测到它们，很多只有用天体照相机作长时间曝光才能显示出它们的美貌。它们的直径在几十光年左右，密度平均为10～100原子/立方厘米（事实上这比实验室里得到的真空要低得多），大多数弥漫星云的质量在10个太阳质量左右。它们主要分布在银道面附近。

亮星云（发射星云和反射星云）和暗星云属于弥漫星云。实际上，除环状对称的行星状星云外，所有的星云都可以称作形状不规则的弥漫星云。最为著名的亮星云有猎户座大星云、礁湖星云、鹰嘴星云、马蹄星云、三叶星云、玫瑰星云。

 你知道行星状星云吗？

行星状星云是指外形呈圆盘状或环状的并且带有暗弱延伸视面的星云，属于发射星云的一种。从望远镜中看去，它具有像天王星和海王星那样略带绿色而有明晰边缘的圆面。行星状星云实质上是一些垂死的恒星抛出的尘埃和气体壳，直径一般在1光年左右。由质量小于太阳10倍的恒星在其演化的末期，其核心的氢燃料耗尽后，不断向外抛射的物质构成。

行星状星云

1777年，威廉·赫歇尔发现这类天体后，称它们为行星状星云。用大望远镜观察发现，行星状星云有纤维、斑点、气流和小弧等复杂结构。它们主要分布在银道面附近，受到星际消光的影响，大量的行星状星云被暗星云遮蔽而难以观测，其中央部分有一个很小的核心，是温度很高的中心星。行星状星云的气壳在膨胀，速度为每秒10～50千米。其化学组成和恒星差不多，质量一般为0.1～1个太阳质量，密度为每立方厘米100～10000个原子，温度为6000～10000K（K即开氏度，热力学标温），中心星的温度高达30000K以上。星云吸收它发出的强紫外辐射，通过级联跃迁过程转化为可见光。行星状星云通常是黯淡的天体，而且没有一个是裸眼能够看到的。第一个被发现的行星状星云是位于狐狸座的哑铃星云，在1764年被查尔斯·梅西耶发现并且被编为其目录中的第27号（M27）。早期观测用的望远镜分辨率都很低，M27和稍后被发现的行星状星云看起来与气体行星相似，因此，天王星的发现者威廉·赫歇尔就将它们称为行星状星云。虽然，我们现在已经知道它们与行星完全不同，但这个名称已经成为专有名词，因而沿用至今。

行星状星云是恒星晚年时的产物。行星状星云实际上是由即将消亡的恒星抛出的气体组成的。在整个恒星生命的最后阶段，恒星依靠位于内核外面的壳层中的氢进行聚变反应提供能量。这个过程很不稳定。在内部的剧烈动荡和辐射压力等共同作用下，已经膨胀并且相互间结合得很松散的恒星表面层被抛入太空，这就形成了行星状星云。被抛到太空的物质非常多，以每秒1000千米的高速运动，形成一股强劲的"风"。组成星云的这些物质虽然很稀薄，但质量很大。在银河系中，平均每年都有一个新的行星状星云诞生。

自18世纪以来，天文学家已经观测了大约1500个行星状星云的图像，并对它们进行了编目分类。另外，可能还有大约1万个行星状星云隐藏在银河系稠密的尘埃云后面。

行星状星云有各种复杂形状，它们几乎都具有对称性。它拥有五彩缤纷的气体云，是天文学中最壮丽的景观之一。关于星云的形成和发展过程的研究正在继续，有多种模型，但都不能正确地解释所有现在的观测结果。

 ## 你认识猎户座星云吗？

猎户座包含有数以千计的新生恒星以及孕育恒星的柱状星际尘云，长期以来一直是天文学家观测的"热点地区"。猎户座星云是猎户座中的一个发光气体云，在猎户座佩剑中部，人的肉眼刚好可以看见。猎户座星云距太阳系大约1500光年，是银河系内最近的恒星诞生地，该星云与一个恒星形成区相连，被它所含的年轻恒星照亮，在天文照片上显得十分壮观。猎户座星云是辨认猎户座的指标之一，同时也是天文摄影爱好者和天文台的大望远镜最主要的拍摄对象之一。1880年9月30日，亨利·德雷珀曝光15分钟成功拍摄到猎户座四合星旁的星云。时下，我们用广角镜头相机固定曝光5分钟已能拍摄到整个猎户座和猎户座大星云的粉红色光芒。

猎户座星云离我们大约400秒差距（按天文标准几乎就站在我们门前阶石上），是几乎覆盖了猎户座勾画出来的整个天空区域的一

猎户座星云

个巨分子云的一部分。该星云的一些最稠密部分吸收可见光，只能用红外或射电方法加以探测，这些稠密区包括与恒星诞生有关的热斑。猎户座星云中有一些叫作四边形的恒星，其年龄大约只有100万岁，它们在波谱的紫外区发出强烈辐射，正是它们的辐射被星云中的气体吸收后，以可见光的形式再辐射出来，从而使星云明亮。星云的发光部分是一个电离氢区。猎户座星云是一个X射线源，含有一些赫比格–阿罗天体、一个脉泽源和若干金牛座T型星。它的一切活动就像发生在我们家门口，猎户座星云中央的四合星更是研究恒星诞生的观测、研究的目标之一，而拍摄旁边的星云的细致度也是考验天文摄影、望远镜分辨率和后期处理功夫的对象，所以猎户座星云是研究得最彻底的天体之一。

你知道"上帝之眼"吗？

欧洲天文学家日前从浩瀚太空拍摄到看似目不转睛的"宇宙眼"的壮观照片，并称之为"上帝之眼"。从照片上可以看到，蔚蓝色瞳孔和白眼球的四周是肉色的眼睑，与我们的眼睛像极了，但"上帝之眼"其实浩瀚无边，它散发的光线从一侧到另一侧需要两年半时间。这个物体其实是由位于宝瓶座中央的一颗昏暗恒星吹拂而来的气体和尘埃形成的外壳。太阳系在未来50亿年内也将遭受同样的命运。

"上帝之眼"处于距地球700光年远的宝瓶座，实际上，业余天文爱好者通过小型望远镜可以隐约看见它，他们称其为螺旋星云，覆盖的天空区域大概相当于一轮满月的1/4。这张罕见、壮观的照片是由架设于智利拉西拉山顶的欧洲南方天文台的一台巨型望远镜拍摄到的。照片是如此的清晰，我们甚至可以在中央"眼珠"里看到遥远星系。

你知道"上帝之唇"吗？

　　据《每日邮报》报道，美国宇航局近日拍摄到一张暮年恒星形成的星云图像，星云的形状酷似噘起来准备亲吻的嘴唇。这颗正在衰亡的恒星船底座V385距地球16000光年，是银河系最大的天体之一。它的质量是太阳的35倍，亮度是太阳的100多万倍，在进入暮年后迅速燃烧，内部的物质被释放出来形成星云。美国宇航局的广域红外探测器近日拍摄到的一张红外照片显示，船底座V385形成的星云酷似一张噘起来的巨大嘴唇，仿佛宇宙正在亲吻人类。

上帝之唇

你知道"上帝之手"吗?

科学家日前再拍摄到"上帝之手"的太空照片。一团幽影似的蓝云形成了一个张开的大拇指和几只手指,抓住一块燃烧的煤。这幅令人震惊的照片,是由美国太空总署的钱德拉X光观测仪拍到的,该观测仪在地球表面上空360千米处绕着轨道运行。

这只"上帝之手"是由超新星爆炸引起的。该星爆炸后迅速形成一颗19.3千米宽的脉冲星,该脉冲星深隐于手腕上的白团里。手指是能量从脉冲星传至气云时形成的。在宇宙手掌的根部,是颗亮蓝色的脉冲星。在这张由钱德拉X射线太空望远镜拍摄的照片中,脉冲星周围星云释放出高能X射线,这些X射线呈现绿色,而脉冲星以每秒7周的速度高速旋转,不断向周围环境释放能量,从而形成了魔幻景象,此景看上去就像是一只手伸向红色的宇宙光芒。天文学家认为,这颗脉冲星旋转速度如此之快,原因可能是其表面拥有比地球磁场强15万亿倍的密集磁场,驱使由电子和离子构成的大风远离这颗垂死的脉冲星。当电子经过磁化的星云时,它们会将能量作为X射线向外喷射。

脉冲星喷出数量庞大的电磁能量,创造了一团由尘和气形成的云,这团云长达150光年。

第三章　太空探秘

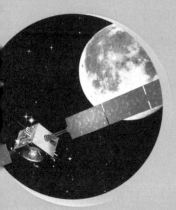

 世界现存九大最古老天文台是哪几个？

纽格莱奇墓

所属国家：爱尔兰

建造时间：约公元前3200年

功用：也许古人认为当冬至之时太阳光照射进来时，死去的人们可以获得再生。纽格莱奇古墓是个心形的大土丘，占地4000平方米，其周边有97块石块环绕，其中许多石块雕刻有复杂的图案。一条19米长的通道直通墓室。每年冬至那一天的日出时分，一束阳光从入口处射入，照亮整个墓室，这一奇特的现象能持续17分钟左右。

巨石阵

所属国家：英国

建造时间：约公元前2300年

功用：巨石阵的主轴线、通往石柱的古道和夏至日早晨初升的太阳，在同一条线上。另外，其中还有两块石头的连线指向冬至日落的方向。巨石阵又称索尔兹伯里石环、环状列石、太阳神庙、史前石桌、斯通亨治石栏、斯托肯立石圈等，是欧洲著名的史前时代文化神庙遗址。这个巨大的石建筑群位于一个空旷的原野上，占地大约11公顷，主要是由许多整块的蓝砂岩组成，每块约重50吨。多

巨石阵

年来，人们对这座巨石阵的用途做出了种种猜测。有人判断，巨石阵是祭祖用的祭祀场所。牛津大学的霍金斯教授通过仔细的观察和严密的计算，认为通过巨石阵石环和土环的结构关系，可以精确了解太阳和月亮的12个方位，并观测和推算日月星辰在不同季节的起落，所以，这应当是一座古天文台。

查基洛太阳观测台

所属国家：秘鲁

建造时间：约公元前300年

功用：当时的人们很可能利用这个太阳观测台的间隔来将一年的时间划分为有规律的时间段，以方便计时，正如现在的人们将一年365天划分为12个月一样。依据2007年的一项研究，秘鲁查基洛的

这处遗址可能是全球最古老的太阳观测台。沿着300米长的山脊，由北向南建有13座间距相同的矩形石塔，远远望去，如同剑龙背上的骨板一样。冬至这天，太阳会直接从最南端的塔上升起。太阳从一个石塔间隙移动到另一个间隙大约需要10天时间。

怀俄明州古天文台

所属国家：美国

建造时间：约公元前2500年

功用：每年夏至的时候，怀俄明州古天文台的中心石头和周边石堆的连接线将指向日出方向。怀俄明州古天文台，又称毕葛红医药轮天文台。古天文台由许多鞋盒大小的石块排列而成，直径大约25米。据悉，像这样的奇特石头堆在北美洲大约有70个，其中多数是由近代平原印第安人建造的葬礼遗址。在夏季来临的时候，当怀俄明州医药山峰的积雪融化时，山顶上的3个轮状石头堆分别指向天狼星、毕宿五和参宿七，这三颗明亮的星星在夏安族印第安人的神话里都有着奇特的传说故事。

卡斯蒂略金字塔

所属国家：墨西哥

建造时间：1001年～1299年

功用：从古至今，每年的春分和秋分两天，玛雅人都在这两天里举行祭祀仪式。卡斯蒂略金字塔高30米，呈长方形，上下共9层，最上层为一神庙。金字塔的台阶总数加上一个顶层正好是365，代表着一年的天数。台阶两侧有宽1米多的边墙，北面边墙下端刻着一个高1.43米、长1.80米、宽1.07米的带羽毛的蛇头，蛇嘴里吐出一条长1.60米的大舌头。在春季和秋季的昼夜平分点，日出日落时，一个蛇影就会在塔上出现，并随着太阳的位置在北面滑行下降。在金字塔顶端的神庙中，有许多精心雕刻的图案，玛雅人可以据此判断春分、秋分、冬至、夏至的到来。

奇琴伊察天文台

所属国家：墨西哥

建造时间：约公元600年

功用：在天文台的边缘放着很大的石头杯子，玛雅人在里面装上水并通过反射来观察星宿，以确定他们相当复杂且极为精确的日历系统。奇琴伊察这座椭圆形天文台，又称"蜗牛"，得名于圆柱形建筑内部螺旋状的石头阶梯。这座圆塔高12.5米，天文台建在两层高台之上，高台上面的台阶的位置，是经过精心计算后才决定的，与重要的天象相配合。52块雕刻着图案的石板象征着玛雅历法中52年为一轮回。这座建筑物的方向定位也经过精心考虑，其阶梯朝着正北、正南、正东和正西。塔内有一道螺旋形楼梯直接通到位于塔庙的观测室，室中有一些位置准确的观察孔，供天文学家向外观测，可以十分准确地算出星辰的角度。

庆州瞻星台

所属国家：韩国

建造时间：约公元634年

庆州瞻星台

功用：主要用于观测天空中的云气及星座，当时人们通过星空测定春分、秋分、冬至、夏至等24节气。庆州瞻星台被认为是亚洲现存最古老的天文台。庆州瞻星台是一座石结构建筑，高约9.4米，由365块花岗岩分27层搭建而成。瞻星台形状非常奇特，看起来好像是一个瓶子，它的直线与曲线的搭配十分和谐，中部有一扇窗，而井字石估计是用来指定东、西、南、北方位的基准。考古学家认为，庆州瞻星台的365块岩石可能暗指一年的365天。

河南告城观星台

所属国家：中国

建造时间：大约1276年

功用：天文学家可用其观测日影的长度。告城观星台是中国现存的最古老的天文台，由元代著名的天文学家郭守敬创建。观星台高12.6米，顶部有一个平台，建有两间安放天文观测仪器的房屋，地面上有砖砌的凹槽，可以帮助天文学家观测日影的长度。郭守敬曾利用此天文台在1280年编制出《授时历》，所推算出一年的时间长度只与实际时间相差26秒，比欧洲的"格里高利历"早了300多年。

马丘比丘古城天文台

所属国家：秘鲁

建造时间：大约1460年

功用：测定夏至日、观测昴宿星团的形状，依据昴宿星团的观测情况可确定什么时候开始种植马铃薯。马丘比丘古城天文台其标志性建筑之一就是"史前石塔"，又称"拴日石"，这是一个带有曲线石墙的特殊造型建筑物。这座古城天文台之所以选择建造在这里，可能是由于其独特的地理和地质特点。当每年夏至日，太阳光就会射入石头窗口，将这个带有雕刻暗槽的石头围墙照亮，同时，这个石头窗口还用于夜间测量每年昴宿星团特征变化，这被印加人用来决定何时种植马铃薯。

 ## 最先发明天文望远镜的是谁？

1609年，意大利科学家伽利略制作了一部口径42毫米的望远镜。这部望远镜让他"大开眼界"，因为他惊讶地发现，月球表面有高山和无数的坑洞；金星也如月球般，有着盈亏的变化；而木星旁边竟然还有4颗小星星绕着木星公转！这些发现彻底地颠覆了传统的天文学观念。伽利略是有史以来使用望远镜观察天空的第一人，这部望远镜同时也开创了天文学的另一个新纪元。

 ## 你对人造地球卫星了解多少？

人造地球卫星

人造地球卫星指环绕地球飞行并在空间轨道运行一圈以上的无人航天器，简称人造卫星。人造卫星是人类目前发射数量最多，用途最广，发展最快的航天器。1957年10月4日，苏联发射了世界上第一颗人造卫星。之后，美国、法国、日本也相继发射了人造卫星。中国于1970年4月24日发射了"东方红1"号人造卫星。

虽然人造地球卫星是发射数量最多的航天器，但到目前为止，全球只有少数国家具有独立卫星发射能力。这些国家和地区包括：俄罗斯、美国、法国、日本、英国、印度和以色列。伊拉克和朝鲜发射的人造地球卫星并未被承认。巴西在1997年、1999年和2003年进行了3次发射尝试，但均未成功。

功能各异的人造地球卫星

按航天器在轨道上的功能来进行分类，人造地球卫星可分为观测站、中继站、基准站和轨道武器4类。每一类又包括了各种不同用途的卫星。

人造地球卫星

一、观测站

卫星处在轨道上，对地球来说，它站得高，看得远（视场大），用它来观察地球是非常有利的。此外，由于卫星在地球大气层以外不受大气的各种干扰和影响，所以用它来进行天文观测也比地面天文观测站更加有利。属于这种功能的卫星有以下四种典型的用途：

（一）侦察卫星。在各类应用卫星中，侦察卫星发射得最早（1959年发射），发射的数量也最多。

（二）气象卫星。气象卫星利用其所携带的各种气象遥感器，接收和测量来自地球、海洋和大气的可见光辐射、红外线辐射和微波辐射信息，再将它们转换成电信号传送给地面接收站。

（三）地球资源卫星。地球资源卫星是在侦察卫星和气象卫星的基础上发展而来的。地球资源卫星利用卫星上装载的多光谱遥感器获取地面目标辐射和反射的多种波段的电磁波，然后把它传送到地面，再经过处理，变成关于地球资源的有用资料。地球资源卫星具有重大的经济价值和潜在的军事用途。

（四）海洋卫星。海洋卫星的任务是海洋环境预报，包括远洋船舶的最佳航线选择，海洋渔群分析，近海与沿岸海洋资源调查，沿岸与近海海洋环境监测和监视，灾害性海况预报和预警，海洋环境保护和执法管理，海洋科学研究，以及海洋浮标、台站、船舶数据传输，海上军事活动等。

二、中继站

中继站是一种在轨道上对信息进行放大和转发的卫星。具体分为两类：一类用于传输地面上相隔很远的地点之间的电话、电报、电视和数据；另一类用于传输卫星与地面之间的电视和数据。这种卫星有以下三种：

（一）通信卫星。随着地球静止轨道卫星通信技术的发展，通信卫星可用于传输电话、电报、电视、报纸、图文传真、语音广播、时标、数据、视频会议等。

（二）广播卫星。广播卫星是一种主要用于电视广播的通信卫星。

（三）跟踪和数据中继卫星。跟踪和数据中继卫星是通信卫星技术的一个重大发展。它是利用地球同步轨道卫星实现地面测控中心对低轨道卫星的跟踪和数据中继。

三、基准站

这种卫星是轨道上的测量基准点，所以要求对它测轨非常准确。属于这种功能的卫星有以下两种：

（一）导航卫星。这种卫星发出一对频率非常稳定的无线电波，海上船只、水下的潜艇和陆地上的运动体等都可以通过接收卫星发射的电波信号来确定自己的位置。

（二）测地卫星。卫星测地的原理与卫星导航的原理相似。由于地面上的测量站是固定的，所以测量精度比对舰船导航定位的精度高。

四、轨道武器

这是一种积极进攻的航天器，具有空间防御和空间攻击的职能。它主要包括以下两种：

（一）拦截卫星。卫星作为一种武器在轨道上接近，识别并摧毁敌方空间系统，这种卫星被称为反卫星卫星。

（二）轨道轰炸系统。轨道轰炸系统是一种空间对地的进攻型武器。其任务是将武器部署在地球轨道上，当它绕地球运行到指定位置时，用反推减速火箭使其减慢速度，降低轨道，按地面指令射向目标。

 对于火箭，你知道多少？

火 箭

火箭是一种以热气流高速向后喷出，利用产生的反作用力向前运动的喷气推进装置。它自身携带燃烧剂与氧化剂，不依赖空气中的氧助燃，既可在大气中，又可在外层空间飞行。现代火箭可作为快速远距离运输工具，可以用来发射卫星和投送武器战斗部（弹头）。

火箭是目前唯一能使物体达到宇宙速度，克服或摆脱地球引力，进入宇宙空间的运载工具。现代火箭有不同的分类。按能源不同，分为化学火箭、核火箭、电火箭以及光子火箭等。化学火箭又分为液体推进剂火箭、固体推进剂火箭和固液混合推进剂火箭。按用途不同分为卫星运载火箭、布雷火箭、气象火箭、防雹火箭以及各类军用火箭等。按有无控制分为有控火箭和无控火箭。按级数分为单级火箭和多级火箭。按射程分为近程火箭、中程火箭和远程火箭等。火箭的分类方法虽然很多，但其组成部分及工作原理是基本相同的。

火箭的前世今生

古代火箭的故乡是中国。中国古代科学家最早运用火药燃气反作用力原理创制的火箭，在当代科学精英的手中发展成为运载飞船升空的大力神，这是我们每个炎黄子孙都引以为豪的辉煌成就。中国古代火箭有箭头、箭杆、箭羽和火药筒4大部分。火药筒外壳用竹筒或硬纸筒制作，里面填充火药，筒上端封闭，下端开口，筒侧小孔引出导火线。点火后，火药在筒中燃烧，产生大量气体，高速向后喷射，产

卫星运载火箭

生向前推力。其实，这就是现代火箭的雏形。火药筒相当于现代火箭的推进系统。锋利的箭头具有穿透人体的杀伤力，相当于现代火箭的战斗部。尾端安装的箭羽在飞行中起稳定作用，相当于现代火箭的稳定系统。而箭杆相当于现代火箭的箭体结构。中国古代火箭外形图，首次记载于公元1621年茅元仪编著的《武备志》中。现代火箭出现在19世纪80年代，瑞典工程师拉瓦尔发明的拉瓦尔喷管，

使火箭发动机的设计日臻完善。

20世纪50年代以来，火箭技术得到了迅速发展和广泛应用，其中尤以各类可控火箭武器（导弹）和空间运载火箭发展最为迅速。各类火箭武器正在继续向提高命中精度、抗干扰能力、突防能力和生存能力的方向发展。此外，反导弹、反卫星等火箭武器也正在研制和发展之中，在地地弹道导弹基础上发展起来的运载火箭，已广泛用于发射卫星、载人飞船和其他航天器等。

20世纪60～80年代，美国研制出全新的火箭动力——航天运载工具，即航天飞机。1969年7月16日，美国"土星5号"火箭运载"阿波罗11号"飞船启程登月，1981年4月12日，人类第一架航天飞机"哥伦比亚"号发射升空。随着科技的发展，运载火箭正向着可靠性、低成本、多用途和多次使用的方向发展。可多次往返于太空和地球之间的航天飞机的问世就是这一发展趋势的体现。火箭技术的飞速发展，不仅可提供更加完善的各类导弹和推动相关科学的发展，还将使开发空间资源、建立空间产业、空间基地及星际航行等成为可能。

世界顶级运载火箭

运载火箭，英文名launchvehicle，由多级火箭组成的航天运输工具。用途是把人造地球卫星、载人飞船、空间站、空间探测器等有效载荷送入预定轨道。随着人造地球卫星、载人飞船、空间站、空间探测器等的升空，太空显得越来越热闹，而这都与那些载荷它们的运载火箭密不可分。

中国"长征"系列运载火箭

"长征"系列运载火箭包括"长征一号丁"运载火箭、"长征二号"捆绑运载火箭、"长征二号F"运载火箭、"长征二号丙"运载火箭、"长征三号"运载火箭、"长征三号甲"运载火箭、"长征三号乙"运载火箭、"长征三号丙"运载火箭、"长征四号甲"、"长征四号乙"、"长征四号丙"等运载火箭。"长征"系列运载火箭的研制始于20世纪60年代，至今已发展成为拥有各种运载能力的火箭系列，具备发射低、中、高不同轨道、不同类型卫星的能力，能够满足发射单星、多星、载人飞船、深空探测卫星要求，并在国际商业卫星发射服务市场上占据了一席之地。"长征"系列运载火箭已成功地将国内数十颗大中小型卫星、飞船、月球探测器和近30颗外国制造的卫星送入太空。2012年6月16日升空的"神舟九号"飞船，其运载火箭就是"长征二号F"。

美国多个系列的运载火箭

美国拥有多个系列的运载火箭，它们是"大力神"、"德尔塔"、"雷神"、"宇宙神"和"土星"系列运载火箭。

系列一、"大力神"系列运载火箭

"大力神"系列运载火箭由洲际弹道导弹"大力神2"发展而来。

系列二、"德尔塔"系列运载火箭

"德尔塔"系列运载火箭是在"雷神"中程导弹基础上发展起

来的航天运载器，它是世界上成员最多、改型最快的运载火箭系列(改型达40余次)。其发射次数居美国其他各型火箭之首，同时，该型火箭发射了世界第一颗地球同步轨道卫星。"德尔塔"原型火箭由"先锋"号火箭和"雷神"中程导弹组成，火箭长28.06米，最大直径2.44米。"德尔塔2914"火箭是该系列火箭中发射次数最多的一种，主要用于发射地球同步轨道卫星，火箭长35.36米，最大直径4.11米。

德尔塔系列运载火箭

系列三、"雷神"系列运载火箭

"雷神"系列运载火箭是在"雷神"中程弹道导弹的基础上发展起来的，主要用来发射军用卫星和早期的航天探测器。

系列四、"宇宙神"系列运载火箭

"宇宙神"系列运载火箭是由"宇宙神"洲际弹道导弹发展而成的，主要有"宇宙神D"、"宇宙神多级系列"、"宇宙神I"等型号系列。

系列五、"土星"系列运载火箭

"土星"系列运载火箭是美国国家航空航天局(NASA)专为"阿波罗"登月任务而研制的大型液体运载火箭。

日本多个系列的运载火箭

日本系列运载火箭有"M系列"、"N系列"、"H系列"、"J系列"等系列火箭。

系列一、"H 系列"火箭

"H系列"火箭也有两个型号，"H-1"型和"H-2"型。"H-1"是一种三级常规燃料火箭，全长40.3米，直径2.4米，总重达140吨，可把1吨重的卫星送入地球同步转移轨道。"H-2"是一种两级液氢液氧燃料火箭，全长50米，直径4米，总重260吨，可把约9吨的有效载荷送上近地轨道，把2吨的有效载荷送上地球同步轨道。"H-2"火箭是日本目前最大的运载火箭，它

日本运载火箭

的投入使用，使日本的运载火箭提高到一个新的水平。

系列二、"J系列"火箭

"J系列"火箭有"J-1"火箭，它是在"H-2"火箭和"M-3S"火箭的基础上发展起来的三级固体燃料火箭，主要是用于发射小型卫星，能将约1吨重的有效载荷送入近地轨道。火箭全长33.1米，直径1.8米。

系列三、"M系列"火箭

"M系列"火箭基于"L-4S"火箭，第一代"M系列"火箭是"M-4S"火箭，它比"L-4S"试验火箭的运载能力提高了3倍。该火箭为四级固体火箭，全长23.6米，直径1.41米，总重43.5吨，叫将75千克的有效载荷送上近地椭圆轨道。第二代以后，"M系列"火箭改为三级，型号分别为"M-3C"、"M-3H"、"M-3S"等。

系列四、"N系列"火箭

"N系列"火箭是日本引进美国的"雷神—德尔塔"火箭技术后研制成功的系列火箭。这一系列包括两个型号，"N-1"火箭和"N-2"火箭。"N-1"火箭有三级，总长为32.6米，最大直径2.44米，起飞重量90吨，近地轨道的有效载荷重1.2吨，地球同步转移轨道的有效载荷重260千克。"N-2"火箭总长35.4米，起飞重量136吨，近地轨道有效载荷为2吨，地球同步转移轨道的有效载荷为680千克~715千克。

俄罗斯多个系列运载火箭

俄罗斯的运载火箭包括："东方"号系列火箭、"联盟"号火箭、"能源"号运载火箭、"天顶"号和"质子"号等多个系列。其中"东方"号系列火箭是世界上第一个航天运载火箭系列。

系列一、"东方"号系列火箭

"东方"号系列火箭是世界上第一个航天运载火箭系列，包括"卫星"号、"月球"号、"东方"号、"上升"号、"闪电"号、"联盟"号、"进步"号等型号，后4种火箭又构成"联盟"号子系列火箭。"东方"号火箭因发射"东方"号宇宙飞船而得名。1961年4月12日，它把世界上第一位宇航员加加林送上地球轨道飞行并安全返回地面。

系列二、"联盟"号系列

"联盟"号系列运载火箭是世界上历史最久、发射次数最多的多用途火箭。"联盟"号运载火箭是"东方"号运载火箭系列中的一个子系列。至1994年底共发射1307次。"联盟"号和"闪

"联盟"号系列火箭

电"号运载火箭至今一直在使用。

系列三、"质子"号系列

"质子"号系列运载火箭是苏联研制的第一种非导弹衍生的、专为航天任务设计的大型运载器。包括二级质子号，三级质子号，四级质子号火箭。该系列共有3种型号：二级型（西方代号D型，SL-9）、三级型（9D-1，SL-13）和四级型（D-1-e，SL-12）。西方将这3种火箭称作D系列火箭。

欧洲"阿里安5"系列运载火箭

"阿里安5"运载火箭是欧洲太空局在1987年11月份部长级会议上正式批准研制的大型时运载火箭。研制工作于1988年启动，由欧空局总负责，法国航天中心负责整个项目的管理。截至2007年6月30日，"阿里安5"系列运载火箭共进行了31次发射，成功27次，部分成功2次，失败2次。

世界十大火箭发射基地在哪里？

火箭要成功地发射，必须有地面发射设备和发射设施。发射火箭的地面发射设备有大有小，小的可手提肩扛，如便携式防空火箭和反坦克火箭的发射筒（架）；大的如卫星运载火箭，则需有固定的发射场和庞大的发射设施，以及飞行跟踪测控台站等。现在，让我们来认识一下世界上最著名的10大火箭发射基地。

肯尼迪航天中心

所属国家：美国

成立时间：1962年7月

辉煌成就：发射过"双子星座"号飞船、"阿波罗"号飞船、"哥伦比亚"号航天飞机、"挑战者"号航天飞机和"发现者"号航天飞机。

肯尼迪航天中心位于佛罗里达州东海岸的梅里特岛，是美国国家航空航天局进行载人与不载人航天器测试、准备和实施发射的最重要场所，其名称是为了纪念已故美国总统约翰·肯尼迪而立。肯尼迪航天中心长55千米，宽10千米，面积567平方千米，约1.7万人在那里工作。肯尼迪航天中心是佛罗里达州的一个重要的旅游点，这里有一个参观者中心，参观者也可以随导游参观。同时，由于肯尼迪航天中心大部分地区不开放，它也是一个美国国家野生动物保护区。

西部航天和导弹试验中心

所属国家：美国

成立时间：1964年5月

辉煌成就：航天发射次数居全美之首

西部航天的导弹试验中心位于美国西部洛杉矶北面的西海岸，曾是空军试验靶场，1979年10月改名为西部航天和导弹试验中心，是美国最重要的军用航天发射基地，主要用于战略导弹武器试验，

武器系统作战试验和发射各种军用卫星、极地卫星等。

拜科努尔发射场

所属国家：苏联（俄罗斯）

成立时间：1955年

辉煌成就：1957年10月4日从这里发射了世界上第一颗人造地球卫星、"联盟"系列飞船、"宇宙"号卫星、"礼炮"号空间站和苏联第一架航天飞机"暴风雪"号都从这里开始了太空之旅。

拜科努尔发射场位于哈萨克境内的丘拉塔姆地区，是苏联最大的航天器和导弹发射试验基地。发射场东西长约80千米，南北长约30千米，中心坐标是东经63°20′，北纬46°。向东北方向发射时，可把航天器送入倾角为52°～65°的轨道。

50多年一路走来，拜科努尔发射场已拥有9个发射综合体，15个启动装置，11个装配航天器、运载火箭和助推装置的车间和试验库，3个加油站，可以发射载人航天器、大型运载火箭、航天飞机及多种导弹。从1957年至2000年4月，拜科努尔发射场共发射运载火箭1140次，航天器1157次。无论是从发射场规模，还是从发射航天器和导弹的数量来讲，都无愧于世界上最大的航天发射基地之盛名。拜科努尔航天中心占据了许多个"第一"。1957年10月4日，苏联在此发射了世界上第一颗人造地球卫星，震惊了全世界。1961年4月12日，尤里·加加林乘坐"东方1号"载人飞船，从这里出发进入太空，成为人类飞天第一人。1974年4月19日，苏联在此发射人类第一个空间站"礼炮号1"，又一次将美国抛到身后。1988年11月15日，苏联第一架航天飞机"暴风雪"号从这里起飞，其技术性能一点儿也不亚于美国的航天飞机。1998年11月20日，国际空间站的第一个舱体"曙光"号功能舱也是从这里发射升空的。

普列谢茨克基地

所属国家：俄罗斯

成立时间：1957年

辉煌成就：是世界上发射卫星最多的发射场，发射次数占全世界总数一半以上。

普列谢茨克基地曾是苏联一个秘密的导弹发射场。它虽然早建于1957年，但直到1966年3月发射"宇宙112号"侦察卫星时，才被

俄罗斯普列谢茨克基地

英国一中学业余卫星跟踪小组发现而暴露于世。该基地位于俄罗斯白海以南300余千米的阿尔汉格尔斯克地区。它早期是洲际导弹的作战基地，从1966年起才使用4种火箭和9座发射台来发射大倾角的侦察、电子情报、导弹预警、通信、气象和雷达校准卫星，其中三分之二为军用。

酒泉卫星发射中心

所属国家：中国

成立时间：1958年

辉煌成就：中国航天事业10个第一的创造地

酒泉卫星发射中心位于内蒙古西部阿拉善盟的额济纳旗及甘肃省酒泉市金塔县交界的巴丹吉林沙漠西北边缘，是中国建设最早、规模最大的卫星发射中心，也是各种型号运载火箭和探空气象火箭的综合发射场，拥有完整、可靠的发射设施，能发射较大倾角的中、低轨道卫星，也是中国唯一的载人航天发射场。

酒泉卫星发射中心发射记录：

1960年11月5日，中国第一颗地对地导弹在这里成功发射。

1966年10月27日，中国第一次导弹核武器在这里试验成功。

1970年4月24日，中国第一颗人造卫星"东方红一号"用"长征一号"运载火箭在这里发射成功。

1975年11月26日，中国第一颗返回式卫星在这里发射成功。

中国酒泉卫星发射中心

1980年5月18日，中国第一枚远程运载火箭在这里发射成功。

1987年8月，为法国马特拉公司提供了发射搭载服务，使中国的航天技术从此开始进入世界商业市场。

1992年10月，首次为国际用户执行了发射任务，即利用"长征二号C"火箭发射中国返回式卫星时搭载发射瑞典空间公司的弗利亚卫星进入预定轨道，获得成功。

1999年11月20日，"神舟一号"试验飞船从这里发射升空，拉开了中国载人航天计划的序幕。

2001年1月10日1时0分3秒，"神舟二号"在酒泉卫星发射中心成功发射。

2002年3月25日22时15分，"神舟三号"在酒泉卫星发射中心成功发射。

2002年12月30日0时40分，"神舟四号"在酒泉卫星发射中心成功发射。

2003年10月15日，中国首次发射的载人航天飞行器"神舟五号"用"长征二号F"型运载火箭发射升空。

2005年10月12日9时0分0秒，"神舟六号"在酒泉卫星发射中心成功发射。

2008年9月25日21时10分04秒，"神舟七号"在酒泉卫星发射中心发射升空。

2010年6月15日，"长征二号丁"运载火箭，将"实践十二号卫星"成功送入太空。

2011年9月29日21时，中国首个空间站"天宫一号"在此发射，并成功进入预定轨道。

2011年11月1日，由改进型"长征二号"F遥八火箭顺利发射"神舟八号"升空。

2012年6月16日，第一次将中国女航天员载入太空的"神舟九号"从这里发射成功。

西昌卫星发射中心

所属国家：中国

成立时间：1970年

辉煌成就：自1984年1月发射我国第一颗通信卫星以来，截至2003年底已发射已先后成功组织了34次国内外卫星发射。西昌卫星发射中心是我国探月之旅的起点，"嫦娥一号"和"嫦娥二号"探月卫星在这里成功发射。

西昌卫星发射中心位于四川省凉山彝族自治州境内，中心总部设在四川省西昌市，卫星发射场位于西昌市西北65千米处的大凉山峡谷腹地。西昌卫星发射中心主要担负广播、通信和气象等地球同步轨道卫星发射的组织指挥、测试发射、主动段测量、安全控制、数据处理、信息传递、气象保障、残骸回收、试验技术研究等任务。

西昌卫星发射中心发射记录：

1984年6月8日，成功发射我国第一颗地球同步轨道卫星。

1986年2月1日，我国第一颗通信广播卫星"东方红二号"成功发射，结束了我国租用外国卫星看电视的历史。

1990年的4月7日，成功发射我国承揽的第一颗商务卫星——"亚洲一号"。

2004年4月，"试验卫星一号"和"纳星一号"顺利升空，这是西昌卫星发射中心首次发射太阳同步轨道卫星，标志着西昌卫星发射中心的航天发射能力有了进一步提高，可以进行多射向、多轨道卫星的发射。

2007年10月24日，中国探月工程的首颗卫星——"嫦娥一号"在此启程奔月。

2010年10月1日，"嫦娥二号"在此成功发射升空。

种子岛航天中心

所属国家：日本

成立时间：1969年

辉煌成就："H系列"火箭从这里发射升空，日本"月亮女神"绕月卫星从这里启程探月。

种子岛航天中心位于日本本土最南部种子岛的南端，占地6.8平方千米，中心包括两个大的发射场：吉信射场和大崎射场。吉信射场有两个发射台，一个为发射2吨以下的飞船，另外一个为发射大型的飞船。

库鲁发射场

所属国家：法国

成立时间：1971年

辉煌成就：1979年12月"阿丽亚娜"运载火箭在这里首次发射成功，至今该系列发射成功率已达90%以上，独揽了全球一半以上的卫星发射市场。

库鲁发射场也称圭亚那航天中心，是目前法国唯一的航天发射场，也是欧洲太空

库鲁发射场

局开展航天活动的主要场所。它位于南美洲北部法属圭亚那中部的库鲁地区，占地面积约1000平方千米，沿大西洋海岸向西北和东南延伸，长约60千米，宽约20千米，地理位置是北纬5°14′，西经52°46′。它由法国国家空间研究中心领导，主要任务是负责科学卫星、应用卫星和探空火箭的发射以及与此有关的一些运载火箭的试验和发射。

圣马科发射场

所属国家：意大利

成立时间：1966年

辉煌成就：唯一的海上航天发射场，美国秘密卫星发射地，欧洲国家一些科学探测和试验方面的卫星发射也在这里发射升空。

圣马科发射场位于距肯尼亚福莫萨湾海岸约5千米的海上，比库鲁发射场更靠近赤道。海上发射场与陆上发射场不同，发射台的台柱完全固定在汪洋大海的大陆架上，台面露出水面，类似海上石油钻井平台。卫星和火箭由大型舰船运来，再安装在发射架上实施发射。

由于是世界上迄今为止唯一一个可以使用的海上发射场，又曾经为美国发射过军用秘密卫星，圣马科发射场也成为一些科幻小说家创作的素材——有人把它描画为美国实施空间作战的基地，有人则把它描写成未来作战打击的目标，还有人把它描绘为风光秀丽的海边小镇。

斯里哈里科塔发射场

所属国家：印度

成立时间：1971年

辉煌成就：印度的4种国产运载火箭——卫星运载火箭、加大推力运载火箭、极地轨道运载火箭和地球同步轨道运载火箭都从这里点火升空。2008年，"一箭十星"在这里发射成功。

斯里哈里科塔发射场是印度最重要的航天发射中心，它位于印度东海岸的斯里哈里科塔岛上，占地面积145平方千米，占海岸线长度达27千米。发射场建有3个发射区，一个是"加大推力的卫星运载火箭"发射区，另一个"极地轨道卫星运载火箭"发射区，第三个为发射地球同步卫星建造的发射区，但现未能启用。发射场拥有大型多级火箭和卫星运载火箭的试验、组装和发射设施，拥有印度卫星的跟踪、遥测和通信站。印度空间研究中心还在此扩建了固体助推器工厂，可为多级火箭发动机生产大尺寸的推进剂药柱。

 你了解宇宙飞船吗？

宇宙飞船

宇宙飞船是一种运送航天员、货物到达太空并安全返回的一次性使用的航天器。它能基本保证航天员在太空短期生活并进行一定的工作。它的运行时间一般是几天到半个月，一般乘坐2～3名航天员。

　　世界上第一艘载人飞船是苏联的"东方1"号宇宙飞船，于1961年4月12日发射。它由两个舱组成，上面的是密封载人舱，又称航天员座舱。舱内设有能保障航天员生活的供水、供气的生命保障系统，以及控制飞船姿态的姿态控制系统、测量飞船飞行轨道的信标系统、着陆用的降落伞回收系统和应急救生用的弹射座椅系统。另一个舱是设备舱，它长3.1米，直径为2.58米。设备舱内有使载人舱脱离飞行轨道而返回地面的制动火箭系统，供应电能的电池、储气的气瓶、喷嘴等系统。它和运载火箭都是一次性的，只能执行一次任务。

宇宙飞船

苏联（俄罗斯）宇宙飞船

东方号宇宙飞船

"东方1号"宇宙飞船由乘员舱和设备舱及末级火箭组成，总重6.17吨，长7.35米。乘员舱呈球形，直径2.3米，重2.4吨，外侧覆盖有耐高温材料，能承受载入大气层时因摩擦产生的摄氏5000℃左右的高温。乘员舱只能载1人，有3个舱口，一个是宇航员出入舱口，另一个是与设备舱连接的舱口，再一个是返回时乘降落伞的舱口，宇航员可通过舷窗观察或拍摄舱外情景。"东方1号"宇宙飞船打开了人类通往太空的道路。

"上升"号宇宙飞船

"上升"号宇宙飞船重5.32吨，球形乘员舱直径与"东方"号宇宙飞船大体相同，与"东方"号相比，它的改进之处是提高了舱体的密封性和可靠性。宇航员在座舱内可以不穿宇航服，返回时不再采用弹射方式，而是随乘员舱一起软着陆。

"上升2号"宇宙飞船载两名宇航员，在太空飞行26小时2分钟。1965年3月18日，"上升2号"宇宙飞船载着两名航天员——列昂诺夫和贝里亚耶夫，又完成了一次史无前例的创举——太空行走。

"联盟"号宇宙飞船

"联盟"号是苏联研制的第三代载人飞船的名字。与之相对应的载人航天计划称为联盟计划。"联盟"号宇宙飞船是苏联在积累了多年经验之后，所开发出来的一种最成熟的载人航天器。由"联盟"号宇宙飞船衍生出的其他航天器包括联盟T，这是"联盟"号宇宙飞船的直接升级物和替代品。

　　"联盟"号宇宙飞船是俄罗斯航天部门现在拥有的唯一一种可载人的航天器，也是可向国际空间站输送宇航员的仅有的2种工具之一（另一种是美国的航天飞机，现已退役）。其他衍生物包括"进步"号货运宇宙飞船，这是一种设计得十分成功的无人货物运输飞船，它在维持和平号空间站和国际空间站的正常运转中发挥了巨大的作用。

美国宇宙飞船

"水星"号宇宙飞船

　　"水星"号宇宙飞船是美国的第一代载人飞船。"水星"号宇

水星号宇宙飞船

宙飞船总共进行了25次飞行试验，其中6次是载人飞行试验。"水星"号宇宙飞船计划始于1958年10月，结束于1963年5月，历时4年8个月。

"水星"计划的主要目的是实现载人空间飞行的突破，把载有1名航天员的飞船送入地球轨道，飞行几圈后安全返回地面，并考察失重环境对人体的影响及人在失重环境中的工作能力。其重点是解决飞船的再入气动力学、热动力学和人为差错对以往从未遇到过的高加速度和零重力的影响等问题。

"双子星座"号宇宙飞船

"双子星座"号宇宙飞船由座舱和设备舱两个舱段组成。座舱分为密封和非密封两部分。密封舱内安装显示仪表、控制设备、废物处理装置和供两名航天员乘坐的两把弹射座椅，还带有食物和水。无线电设备、生命保障系统和降落伞等安装在非密封舱内。"双子星座"号宇宙飞船从1965年3月到1966年11月共进行10次载人飞行。"双子星座"号宇宙飞船的主要目的是在轨道上进行机动飞行、交会、对接和航天员试作舱外活动等，为"阿波罗"号宇宙飞船载人登月飞行作技术准备。

"阿波罗"号宇宙飞船

"阿波罗"号宇宙飞船由指挥舱、服务舱和登月舱3个部分组成，其中指挥舱是全飞船的控制中心，也是航天员飞行中生活和工作的座舱。服务舱采用轻金属蜂窝结构，周围分为6个隔舱，容纳主发动机、推进剂贮箱和增压、姿态控制、电气等系统。它前端与指挥舱对接，后端有推进系统主发动机喷管。登月舱由下降级和上升级组成。"阿波罗"号宇宙飞船是美国实施载人登月过程中使用的飞船。"阿波罗11号"宇宙飞船于1969年7月20～21日首次实现人登上月球的理想。此后，美国又相继6次发射"阿波罗"号宇宙飞船，其中5次成功，总共有12名航天员登上月球。

中国神舟系列宇宙飞船

"神舟一号"无人飞船

"神舟一号"宇宙飞船是我国载人航天计划中发射的第一艘无人实验飞船，飞船于1999年11月20日凌晨6点在酒泉航天发射中心发射升空，承担发射任务的是在"长征-2F"捆绑式火箭的基础上改进研制的"长征2号F"载人航天火箭。在发射点火10分钟后，船箭分离，并准确进入预定轨道。飞船入轨后，地面的各测控中心和分布在太平洋、印度洋上的测量船对飞船进行了跟踪测控，同地，还对飞船内的生命保障系统、姿态控制系统等进行了测试。飞船在太空中共飞行了21个小时。

"神舟一号"宇宙飞船由轨道舱、返回舱和推进舱组成。轨道舱是航天员生活和工作的地方。返回舱是飞船的指挥控制中心，航天员乘坐其上天和返回地面。推进舱也称动力舱，为飞船在轨飞行和返回时提供能源和动力。这次试验飞行没有载人，主要验证了有关创新技术。它是中国载人航天工程的首次飞行，标志着中国在载人航天飞行技术上有了重大突破，是中国航天史上的重要里程碑。

"神舟二号"无人飞船

2001年1月10日，我国在酒泉卫星发射中心成功发射了"神舟二号"无人飞船。1月16日，飞船轨道舱与返回舱按计划正常分离，返

回舱返回地面，轨道舱继续留轨运行，进行多学科、大规模的空间科学和应用研究。

"神舟二号"宇宙飞船的成功发射和返回，表明我国载人航天工程技术日臻成熟，为最终实现载人飞行奠定了坚实基础。同时，利用飞船有效载荷开展的一系列空间科学试验，是我国首次在自己研制并发射的飞船上进行多学科、大规模和前沿性的空间科学与应用研究。这标志着我国空间科学研究和空间资源的开发进入了新的发展阶段。

"神舟三号"无人飞船

2002年3月25日，我国"神舟三号"飞船在酒泉卫星发射中心顺利发射升空。与"神舟一号"、"神舟二号"飞船相比，"神舟三号"在内部做了一些改进。

"神舟三号"宇宙飞船成功返回，标志着中国载人航天工程取得了新的重要进展。这次发射试验使运载火箭、飞船和测控发射系统进一步完善，提高了载人航天的安全性和可靠性。飞船上装有人体代谢模拟装置、拟人生理信号设备以及形体假人，能够定量模拟航天员在太空中的重要生理活动参数。这次发射，逃逸救生系统也进行了工作。这个系统是在应急情况下确保航天员安全的主要措施。飞船拟人载荷提供的生理信号和代谢指标正常，验证了与载人航天直接相关的座舱内环境控制和生命保障系统。

"神舟四号"无人飞船

2002年12月30日，我国自行研制的"神舟四号"无人飞船在酒泉卫星发射中心发射升空并成功进入预定轨道。这是中国载人航天工程的第4次飞行试验。这次发射成功，标志着中国向实现载人飞行又迈出了重要一步。

"神舟四号"飞船是第4艘无人飞船，由推进舱、返回舱、轨道舱和附加段组成。飞船总长约7.4米，最大直径2.8米，总质量7794公斤。在推进舱和轨道舱的II、IV象限各安装一个太阳电池翼，推进舱的两个太阳电池翼总面积24.48平方米，展开后的翼展宽度约17米。轨道舱的两个太阳电池翼总面积12.24平方米，展开后的翼展宽度约10.4米。"神舟四号"无人飞船配置有13个分系统及供配电与电缆网。结构与机构分系统保证飞船的构型，并为航天员提供生活的结构空间。

"神舟五号"载人飞船

"神舟五号"飞船是中国首次发射的载人航天飞行器，于2003年10月15日将航天员杨利伟送入太空。"神舟五号"的成功发射，标志着中国成为继苏联（现由俄罗斯承继）和美国之后，第3有能力独自将人送上太空的国家。

"神舟五号"载人飞船是在无人飞船基础上研制的我国第一艘载人飞船，可搭载一名航天员，在轨运行一天。整个飞行期间，飞船为航天员提供必要的生活和工作条件，同时将航天员的生理数据、电视图像发送地面，并确保航天员安全返回。飞船由轨道舱、返回舱、推进舱和附加段组成。飞船的手动控制功能和环境控制与生命保障分系统为航天员的安全提供了保障。

"神舟六号"载人飞船

"神舟六号"载人飞船于2005年10月12日上午在酒泉卫星发射中心发射升空，费俊龙和聂海胜两名中国航天员被送入太空，飞行时间为5天。

"神舟六号"与"神舟五号"在外形上没有差别，仍为推进舱、返回舱、轨道舱的三舱结构，重量基本保持在8吨左右，用"长征二号F"型运载火箭进行发射。它是中国第二艘将人送入太空的飞船，也是中国第一艘执行"多人多天"任务的载人飞船。这也是人类的第243次太空飞行。此次太空之旅，"神舟六号"创下多个中国第一：首次多人遨游太空，首次多天空间飞行，首次进行空间实验，首次进行飞船轨道维持，首次飞行达325万千米，首次太空穿、脱航天服，首次在太空吃上热食，首次启用太空睡袋，首次设置大小便收集装置，首次全面启动环控生保系统，首次增加火箭安全机构，首次安装了摄像头，首次启用副着陆场，首次启动图像传输设备，首次使用新雷达，首次全程直播载人发射。

"神舟七号"载人飞船

2008年9月25日，"神舟七号"载人飞船发射升空。27日，翟志刚、刘伯明分别穿着中国制造的"飞天"舱外航天服和俄罗斯出品的"海鹰"舱外航天服进入"神舟七号"载人飞船兼任气闸舱的轨道舱。翟志刚出舱作业，刘伯明在轨道舱内协助（刘伯明的头部手部部分出舱），实现了中国历史上宇航员第一次太空漫步，令中国成为第3个有能力把航天员送上太空并进行太空行走的国家。"神舟七号"载人飞船的亮点除了航天员出舱外，还有一项重要的任务就是进行在轨试验。"神舟七号"载人飞船发射的同时还释放了一颗伴星，利用这颗伴星对飞船进行照相和视频观测。此次伴星试验任务的成功，标志着中国成为世界上第3个掌握空间释放和绕飞技术的国家。

"神舟八号"无人飞船

"神舟八号"无人飞船，是中国"神舟"系列飞船的第8艘飞船，于2011年11月1日5时58分10秒由改进型"长征二号F"遥八火箭顺利发射升空。升空后，"神舟八号"飞船与此前发射的"天宫一号"目标飞行器进行了空间交会对接。组合体运行12天后，"神舟八号"飞船脱离"天宫一号"并再次与之进行交会对接试验。此次交会对接试验的成功，这标志着我国已经成功突破了空间交会对接及组合体运行等一系列关键技术。

"神舟九号"载人飞船

2012年6月16日，中国搭载着3名宇航员（包括一名女宇航员）的"神舟九号"载人飞船发射成功。它与"天宫一号"对接，组装成一个能容纳3名宇航员工作和生活的空间站雏形。这使中国成为继美国、俄罗斯之后第3个掌握空间交会对接技术的国家。可以在地球轨道上长期滞留工作的空间站，对于探索宇宙奥秘、造福人类有着重要意义。

"神舟十号"载人飞船

2013年6月11日17时38分，"神舟十号"在酒泉卫星发射中心由长征二号F改进型运载火箭"神箭"成功发射。"神舟十号"共载3名宇航员与天宫一号目标飞行器分别进行无人和有人的交会对接。成功对接后，3名航天员入驻天宫一号。

 ## 哪些国家拥有航天飞机？

航天飞机

航天飞机又称为太空梭或太空穿梭机，是可重复使用的、往返于太空和地面之间的航天器，结合了飞机与航天器的性质。它既能代替运载火箭把人造卫星等航天器送入太空，也能像载人飞船那样在轨道上运行，还能像飞机那样在大气层中滑翔着陆。航天飞机为人类自由进出太空提供了方便，它大大地降低了航天活动的费用，是航天史上的一个重要里程碑。航天飞机除可在天地间运载人员和货物之外，凭着它本身的容积大和有效载荷量大的特点，可多人乘载，还能在太空进行大量的科学实验和空间研究工作。它可以把人造卫星从地面带到太空去释放，或把在太空失效的或毁坏的无人航天器，如低轨道卫星等人造天体修好，再投入使用，甚至可以把欧洲航空局研制的"空间实验室"装进舱内，进行各项科研工作。目前，只有美国和俄罗斯拥有航天飞机。

美国航天飞机

"开拓者"号

"开拓者"号也称"企业"号、"进取"号，只用于测试，一直未进入轨道飞行和执行太空任务。"开拓者"号航天飞机是为肯尼迪航天中心建造的第一架航天飞机。实际上，它是一个纯

航天飞机

粹的测试平台，没有发动机，没有设备，没有任何功能。在肯尼
迪航天中心，"开拓者"号被用于各种返回及着陆测试，包括被
一台波音747飞机背负运输的飞行测试以及后来自由飞行的着陆测
试。在完成了测试使命后，"开拓者"号被收藏在史密桑尼亚协
会的博物馆里。

"哥伦比亚"号

"哥伦比亚"号航天飞机是美国的太空梭机队中第一架正式服
役的航天飞机，它在1981年4月12日首次执行代号STS-1的任务，
正式开启了肯尼迪航天中心的太空运输系统计划的序章。"哥伦

比亚"号航天飞机总长约56米，翼展约24米，起飞重量约2040吨，起飞总推力达2800吨，最大有效载荷29.5吨。它的核心部分轨道器长37.2米，大体上与一架DC-9客机的大小相仿。"哥伦比亚"号航天飞机每次飞行最多可载8名宇航员，飞行时间7～30天，轨道器可重复使用100次。

"发现"号

"发现"号航天飞机是美国第3架实际执行太空飞行任务的航天飞机。首次飞行是在1984年8月30日，主要负责进行各种科学研究与作为国际太空站计划的支持。它已于2011年3月9日退役。1984年首度升天的"发现"号航天飞机在其近27年的飞行生涯中，创造了执行39次太空任务、飞行2.37亿千米、绕地球轨道5830圈、在太空停留365天的最高纪录，在美国先后拥有的6架航天飞机中"出勤率"最高。2011年3月9日"发现"号航天飞机在完成了最后一次空间任务后，在佛罗里达州卡纳维拉尔角的肯尼迪航天中心安全降落。从此，这架美国机龄最长的航天飞机结束了其太空历史使命，转入华盛顿的宇航博物馆供人参观。

"亚特兰蒂斯"号

"亚特兰蒂斯"号航天飞机是肯尼迪航天中心第4架实际执行太空飞行任务的航天飞机。1985年10月3日，"亚特兰蒂斯"号航天飞机的第一次飞行是为了美国空军的一次机密行动，它把两颗国防通信卫星送入太空。2011年7月8日，"阿特兰蒂斯"号航天飞机在佛罗里达州肯尼迪航天中心点火升空，开始它以及整个航天飞机团队的最后一次飞行，于美国东部时间21日晨5时57分在佛罗里达州肯尼迪航天中心安全着陆，结束其"谢幕之旅"，这寓意着美国30年航天飞机时代宣告终结。

"奋进"号

　　"奋进"号航天飞机是肯尼迪航天中心第5架实际执行太空飞行任务，也是最新的一架航天飞机。于1992年5月7日首次飞行，主要负责国际太空站计划的支援。"奋进"号航天飞机在建造过程中记取了许多"前辈"们的教训，拥有更多新开发的硬件装备，因而能够使航天飞机绕地球运行的任务期限延长到28天。

"奋进"号航天飞机

苏联（俄罗斯）航天飞机——"暴风雪"号

1988年11月16日，苏联的"暴风雪"号航天飞机在拜科努尔航天中心首次发射升空，47分钟后进入距地面250千米的圆形轨道。它绕地球飞行两圈，在太空遨游3小时后，按预定计划于9时25分安全返航，准确降落在离发射地点12千米外的混凝土跑道上，完成了一次无人驾驶的试验飞行。

"暴风雪"号航天飞机大小与普通大型客机相差无几，外形同美国航天飞机极其相仿，机翼呈三角形，机长36米，高16米，翼展24米，机身直径5.6米，起飞重量105吨，返回后着陆重量为82吨。它有一个长18.3米，直径4.7米的大型货舱，能将30吨货物送上近地轨道，将20吨货物运回地面。它头部有一个容积为70立方米的乘员座舱，可乘10人。

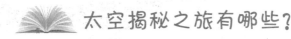

太空揭秘之旅有哪些？

飞天浪漫古有梦。从"嫦娥奔月"的优美传说到"万户飞天"的壮烈实践，从冲出地球村、登陆月球到探测火星、飞向银河系，几千年来，人类从未停止过对神秘太空的探索与追求。

进军月球

人类自古就曾无数次幻想去拜访地球的邻居——月球。自上世纪50年代末以来，苏联和美国就开始了在探月研究方面的太空竞赛，最终"阿波罗11号"飞船于1969年成功登月，迈出了人类登月的第一步，抒写了人类在探月进程中辉煌的一笔。进入21世纪，沉寂了20多年的月球再度成为各国瞩目的焦点。随着欧洲、印度、日本和中国接连宣布自己的探月计划，世界各国掀起了新一轮的"月球热"。我们不妨再度回味一下世界人民的探月史……

"月球1号"号探测器绕月

1959年，苏联发射的"月球1号"探测器飞到月球附近，进行绕月飞行，开始了人类对月球的考察。"月球1号"探测器绰号"梦想"，是苏联，也是人类发射成功的第一个星际探测器，是苏联的第一个月球探测计划"月球计划"的第四颗无人月球探测器，它是一系列以"月球"命名的探测器中的第一个成员。

"月球2号"探测器在月球上硬着陆

"月球2"号探测器是苏联的第一个月球探测计划"月球计划"的第六颗无人月球探测器。1959年9月12日，苏联的"月球2号"探测器伴着"月球"号运载火箭的呼啸再次升空，对准月球飞奔而去，这是人类首枚月球硬着陆探测器。1959年9月14日，"月球2号"探测器击中月球。

"月球2号"探测器在设计上与"月球1号"探测器十分相似，装载了基本相同的科学仪器，重量390.2千克，还带上了苏联国旗。探测器上带着刻有苏联国徽图案和"苏联1959年9月"字样的小勋章。其中两枚为不锈钢制球体，装置在探测器中，另有装置在"月球"号运载火箭第二级上的多枚铝制五角形片体。这是人类文明史

上第一个降落在月球上的人造物体，也是第一个登上地球外另一个星体的人造物体。它在撞到月面之前，向地球发回了有关月球磁场和辐射带的重要数据。"月球2号"探测器硬着陆半小时后，"月球"号运载火箭的第二级坠月。

"阿波罗"探月

1961年5月，美国总统肯尼迪在国会上提出了在60年代末把人送到月球上探测的计划——"阿波罗月球探测计划"。"阿波罗月球探测计划"的任务包括为载人月球飞行做准备(由"阿波罗"1~10号完成)，并进行载人月球飞行(由"阿波罗"11~17号承担)。1969年7月16日上午，巨大的"土星5号"火箭载着"阿波罗11号"飞船从美国肯尼迪发射场点火升空，开始了人类首次登月的太空飞行。7月25日清晨，"阿波罗11号"飞船的指令舱载着3名航天英雄平安降落在太平洋中部海面，人类首次登月宣告圆满成功。

"智能1号"探测器

"智能1号"探测器是欧洲首个月球探测器，它长时间环绕月球极地轨道飞行，绘制了月球表面的整体外貌图，其中包括过去人们缺乏了解的月球不可观测面和极地概貌。它还探测月球表面的化学元素，了解月球的构成。它拍摄了迄今最详细的月球地理图，以期破解45亿年前月球形成的奥秘。它在月球表面寻找冰冻水的证据，为人类是否要在月球建立永久基地提供各种数据资料。"智能1号"探测器不但让科学界第一次发现月球极地与赤道区域的许多不同地质构造，也让人类第一次发现在接近月球北极存在一个"日不落"区域。

"智能1号"探测器

"嫦娥"奔月

　　"嫦娥一号"是中国自主研制并发射的首个月球探测器。中国月球探测工程"嫦娥一号"月球探测卫星由中国空间技术研究院研制，以中国古代神话人物"嫦娥"命名。"嫦娥一号"主要用于获取月球表面三维影像、分析月球表面有关物质元素的分布特点、探测月壤厚度、探测地月空间环境等。"嫦娥一号"于2007年10月24日，在西昌卫星发射中心由"长征三号甲"运载火箭发射升空。"嫦娥一号"发射成功，使中国成为世界上第五个发射月球探测器的国家。

"嫦娥二号"卫星简称"嫦娥二号"，也称为"二号星"是"嫦娥一号"卫星的姐妹星，由"长征三丙"火箭发射。但是，"嫦娥二号"卫星上搭载的CCD相机的分辨率更高，其他探测设备也有所改进，所探测到的有关月球的数据将更加翔实。"嫦娥二号"于2010年10月1日18时59分57秒在西昌卫星发射中心发射升空，并获得了圆满成功。

"嫦娥三号"卫星简称"嫦娥三号"，专家称"三号星"，是嫦娥绕月探月工程计划中"嫦娥"系列的第三颗人造绕月探月卫星。与"嫦娥一号"的探月轨道不同，将来，"嫦娥三号"卫星将不再采取多次变轨的方式，而是直接飞往月球。"嫦娥三号"要携带探测器在月球着陆，实现月面巡视、月夜生存等重大突破，开展月表地形地貌与地质构造、矿物组成和化学成分等探测活动。根据中国探月工程3步走的规划，中国将在2013年左右实现月球软着陆探测自动巡视勘查。

"嫦娥三号"将携带中国第一台月球车于2013年奔月，也就是说，国产月球车将是下一阶段探月工程的亮点之一。

"嫦娥三号"携带的"中华牌"月球车，将是我国自行研制的具有最高智能的机器人。它可以实现自我导航、避障、选择路线、选择探测地点、选择探测仪器等，在它上面还安装了一台雷达，它可以边走边探测月球内部的结构变化。此外，着陆器上搭载了7套设备，包括一套天文望远镜，这在世界上尚属首次。另外，"嫦娥三号"还将克服温度在零下180℃环境下的月夜长期生存难题。

"嫦娥四号"卫星简称"嫦娥四号"，专家称"四号星"，是嫦娥绕月探月工程计划中"嫦娥"系列的第四颗人造绕月探月卫星。它的主要任务是接着"嫦娥三号"着陆月球表面，继续更深层次更加全面地科学探测月球地质、资源等方面的信息，完善月球的档案资料。

探月新发现

月球上没有大气干扰，是进行科学实验和天文观测的圣地。如果在月面上建立天文台，将会探测到宇宙中的许多奇异现象。月球的引力只有地球的六分之一，发射火箭所需的燃料将会比地面少得多，因此，月球也是个难得的航天发射基地。月球两极大量冰水的发现更使人类对月球刮目相看，因为有了水，人类在月球上生存的基本条件便已具备。人们可以利用水得到氢气和氧气，氧气和水供人呼吸饮用、使植物生长，氢和氧还可作为火箭燃料，供飞船返回地球或前往火星或更远的星际探险。这样，人类在月球上建立永久性实验室甚至定居点并非天方夜谭。另外，月球很可能成为人类远征火星的中转站。

发现一：大气

月球大气是由美国"阿波罗"号宇宙飞船首次发现的，在此之前，人们一直认为月球上没有大气。月球大气非常稀薄，比距地球表面100千米处的地球大气还要稀薄。科学家们起初认为月球大气的主要成分是氦和氩，1988年发现其中还存在钾元素钾和钠元素。德国科学家指出，目前来看，要想从稀薄的月球大气中提取含量极低的氧元素为人类所用是不现实的。但科学家们认为，这一新发现意味着月球气体中可能还存在有其他目

前未知的成分。进一步弄清其构成，可为研究其他行星及其卫星的大气状况提供重要借鉴。

发现二：水

1998年1月6日，美国宇航局发射了"月球勘探者"探测器。"月球勘探者"探测器携带着一个中子分光仪环绕月球飞行，中子分光仪在石油勘探中用于寻找水和碳氢化合物。该探测器测量显示，月球上存在大量氢，它暗示着月球表面存在着一定数量的水。而这些水存在于月球两极的冰中，北极的冰储量要更多一些。这些冰都分布在太阳永远照射不到的圆坑里，上面覆盖着数十厘米厚的土层。坑里的温度始终保持在零下150摄氏度以下，因此冰不会融化和蒸发。

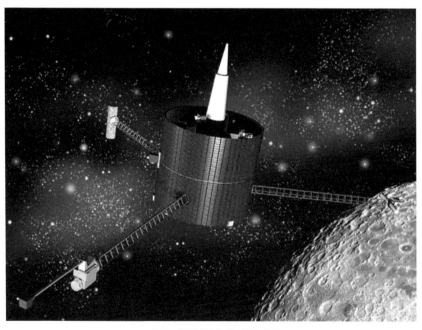

"月球勘探者"探测器

发现三：氦-3元素

1998年12月31日，美国科学家在月球上发现了储量丰富的氦-3矿藏，并绘制出了这一矿藏的分布图。氦-3是氦的同位素，含有两个质子和一个中子。在热核聚变反应过程中，氦-3同具有一个中子和一个质子的氘（重氢）发生热核聚变，产生的中子很少，可以大大降低热核聚变反应堆的放射性危害，因此，这种元素有可能成为21世纪热核聚变能的宝贵原料。美国地质调查局在杰弗里·约翰森为首的地质学家小组最新出版的《地质研究通讯》上，发表了他们绘制的月球氦-3分布图，这使人类在月球上进行商业性开采这种元素的可能性又前进了一步。这些专家认为，月球上最容易找到氦-3的地方是静海和位于月球另一面的风暴洋，以及奇奥尔科夫斯基陨石坑和东海。

拜访金星

金星是除太阳、月亮之外，人肉眼能够看到的最明亮的星星。金星毗邻地球，两者最近时为4100万千米。理论上金星有一个半径约3100千米的铁镍核，中间为幔，外面为壳。由于它在大小、密度、质量、外表各方面都很像地球，所以它有地球的"孪生姊妹"之美称。自从1961年2月12日苏联首次发射金星探测器以来，40多年的时间里，苏美两国先后发射了40个金星探测器，有一批探测器进入轨道成为金星的人造卫星，并有若干个着陆舱对金星表面实现了软着陆，对金星的土壤、岩石样品和云层进行探测，向地球发回了大量宝贵的资料和照片，揭开了金星的许多奥秘，

增进了人类对金星的认识。

苏联"金星"号系列探测器

1961年2月12日，苏联发射了"金星1号"探测器，但却在距地球756万千米时通信中断，无法得到探测的结果。1967年6月12日发射的"金星4号"探测器，经过了大约35000万千米的飞行，进入金星大气层，成功登陆金星表面。由于金星大气的压力和温度比预想的高得多，使着陆舱受损，未能发回探测结果。1970年12月15日，"金星7号"在金星实现软着陆，成功传回金星表面温度等数据资料。测得金星表面温度为摄氏447度，气压为90个大气压，大气密度约为地球的100倍。此后，前苏联又相继发射了9个金星号探测器。1972年3月27日升空的"金星8号"，同年7月22日着陆舱探测了金星表面的土壤，从发回的图像来看，金星表面十分明亮。"金星9号"和"金星10号"在金星表面各拍摄了一张金星全景照片，首次向人们展露出金星的容颜；"金星13号"和"金星14号"拍得4张金星表面彩色照片，从这些照片上发现，金星表面覆盖着褐色的砂土，岩石结构像光滑的层状板块；"金星15号"和"金星16号"通过雷达对金星表面进行综合考察，获得许多宝贵资料，为人们认识金星、了解金星作出了巨大贡献。

美国水手号系列探测器

美国于1961年7月22日发射"水手1号"金星探测器，但探测器升空不久因偏离航向，只好自行引爆。1962年8月27日发射"水手2号"金星探测器，飞行2.8亿千米后，于同年12月14日从

美国水手号系列探测器

距离金星3500千米处飞过时，首次测量了金星大气温度，拍摄了金星全景照片，但由于设计上的缺陷，在探测过程中，光学跟踪仪、太阳能电池板、蓄电池组和遥控系统都先后出了故障，未能圆满执行计划。1967年6月14日发射"水手5号"金星探测器，同年10月19日从距离金星3970千米处通过，作了大气测量。1973年11月3日发射金星"水手10号"的探测器，于1974年2月5日路过金星，从距离金星5760千米处通过，对金星及其大气作了电视摄影，发回上千张金星照片。

美国"先驱者－金星"号

　　1978年5月20日和8月8日，美国分别发射了"先驱者－金星1号"和"先驱者－金星2号"，其中1号在同年12月4日顺利到达金星轨道，并成为其人造卫星，对金星大气进行了244天的观测，考察了金星的云层、大气和电离层，研究了金星表面的磁场，探测了金星大气和太阳风之间的相互作用；还使用船载雷达测绘了金星表面地形图。1988年1月，两位美国地质学家报告说，金星表面的阿芙洛狄忒高原地区具有与地球上洋中脊十分相似的特征，他们分析了美国"先驱者－金星1号"宇宙飞船环绕金星时用雷达信号测量金星表面的结果，发现金星阿芙洛狄忒高原的岩层断裂模式与地球上洋中脊附近的情况很相似，其主脊两侧的特征近似呈镜像对称，这也正是洋中脊的重要特征。那里的高山、峡谷以及断层诸方面的分布特征表明金星的地壳在扩张，其每年几厘米的扩张速度与地球的海（洋）底扩张相仿。"先驱者－金星2号"带着4个着陆舱一起进入金星大气层，其中一个着陆舱着陆后连续工作了67分钟，发回了一些图片和数据。

　　金星的云层中不同层次具有明显的物理和化学特征，金星上降雨时，落下的是硫酸而不是水。探测结果还表明，金星上有极其频繁的闪电；金星地形和地球相类似，也有山脉一样的地势和辽阔的平原；金星上存在着火山和一个巨大的峡谷，其峡谷深约6千米，宽200多千米，长达1000千米；金星表面有一个巨大的直径达120千米的凹坑，其四周陡峭，深达3千米。

美国"麦哲伦"号金星探测器

1989年5月5日，"亚特兰蒂斯"号航天飞机将"麦哲伦"号金星探测器带上太空，并于第二天把它送入飞向金星的航程。"麦哲伦"号金星探测器重量达3365千克，造价达4.13亿美元。后来的事实说明，"麦哲伦"号金星探测器是迄今最先进最为成功的金星探测器。"麦哲伦"号装有一套先进的电视摄像雷达系统，可透过厚厚的云层测绘出金星表面上小如足球场的物体的图像，其清晰度胜过迄今所获金星图像的10倍！它装载的高分辨率综合孔径雷达，其发射、接收天线与著名的"旅行者"号探测器定向天线相似，也是3.65米直径的抛物面形天线，但其性能比前者提高了许多，它在金星赤道附近250千米高空时，分辨率也可达到270米。"麦哲伦"号金星探测器的中心任务是对金星做地质学和地球物理学探测研究，通过先进的雷达探测技术，研究金星是否具有河床和海洋构造，因苏联有科学家推测，大约40亿年前，金星上有过汪洋大海。"麦哲伦"号金星探测器拍摄到金星上一个40×80千米大的熔岩平原，雷达的测绘图像非常清晰，可以清楚地辨认出火山熔岩流、火山口、高山、活火山、地壳断层、峡谷和岩石坑。金星上火山数以千计，火山周围常有因陨石撞击而形成的沉积物，像白色花朵。"麦哲伦"号金星探测器发现金星上的尘土细微而轻盈，较易于被吹动，探测结果表明，金星表面确实是有风的，很可能像"季风"那样，时刮时停，有时还会发生大风暴。金星表面温度高达280℃~540℃。它没有天然卫星，没有水滴，其磁场强度也很小，大气主要以二氧化碳为主，一句话，它不适宜生命存活。它的表面70%左右是极为古老的玄武岩平原，20%是低洼地，高原大约占了金星表面的10%。金星上最高的山是麦克斯韦火山，高达12000

米。在金星赤道附近面积达2.5万平方千米的平原上，有3个直径为37～48千米的火山口。金星上的环绕山极不规则，总共约有900个，而且都非常年轻。

"麦哲伦"号金星探测器拍摄了金星绝大部分地区的雷达图像，它的许多图像与苏联"金星15号"和"金星16号"探测器所摄雷达照片经常可以重合拼接起来，使判读专家得以相互印证，从而使得人们对金星有进一步的了解。"麦哲伦"号金星探测器从1990年8月10日起，至1994年12月12日一直围绕金星进行探测，最后在金星大气中焚毁。1990年2月，飞往木星的"伽利略"号探测器途径金星，成功地拍摄到金星的紫外、红外波段的图像，照片上显示金星大气顶部的硫酸云雾透过紫外光非常突出。

欧洲"金星快车"

"金星快车"是欧洲首个金星探测器，于2005年11月9日自哈萨克斯坦境内的拜科努尔发射场搭乘"联盟"运载火箭升空。"金星快车"对金星进行了为期486天的探测，主要任务是对神秘的金星大气层进行更精确的探测，分析其化学成分。此外，探测器还就太阳风对金星大气和磁场的影响进行分析，并观测金星气候变化。"金星快车"探测器在空中对金星表面进行扫描，研究金星大气的构成及金星上火山活动情况。科学家们称，金星上有剧烈的火山喷发活动，这导致金星表面近90%的地方全被淹没在火山熔岩中。"金星快车"还研究金星两极地区的旋风。该探测器对金星进行至少两年的探测。在对金星探测停顿了16年之后，"金星快车"的发射将推动人类对金星的研究迈入一个新阶段。

"好奇"号登陆火星

美国火星探测器"好奇"号按照原定计划，于美国东部时间2012年8月6日1时30分(北京时间13时30分)左右成功登陆火星。美国宇航局地面控制中心证实，探测器已经完成着落。中心的喷气推进实验室内爆发出欢呼声。探测器传回的信号可以看到火星地表及"好奇"号在地面上投下的影子。据悉，"好奇"号登陆时时速由约2万千米下降至零，难度高、风险大。

"好奇"号火星探测器

10"。着陆数分钟后，美国宇航局首次成功收到"好奇"号传回地球的图像。"好奇"号的控制团队表示，他们已得到想获得的所有数据，"一切看起来好极了"。目前，"好奇"号将传回黑白图像，在不久后，美国宇航局会收到彩色高清图像。

"好奇"号2011年11月从肯尼迪航天中心升空，飞行了半年多时间，终于抵达火星。它用于探索火星过去或现在是否存在适宜生命存在的环境。探测器以核燃料钚为动力，携带先进的探测设备，项目总投资达25亿美元，是迄今最昂贵的火星探测项目。由于信号需要围绕火星运行的另3颗探测器中转，"好奇"号着陆的信号最快也要在14分钟后才能传递到地面控制中心，因此地球上的科学家将在火星车着陆14分钟后才得到反馈。